乡村建设工匠培训通用教材

乡村建设钢筋工

乡村建设工匠培训通用教材编委会　编写

中国建筑工业出版社

图书在版编目（CIP）数据

乡村建设钢筋工／乡村建设工匠培训通用教材编委
会编写. -- 北京：中国建筑工业出版社，2024.7.
（乡村建设工匠培训通用教材）. -- ISBN 978-7-112
-30137-9

Ⅰ. TU755.3

中国国家版本馆 CIP 数据核字第 202432R8J9 号

　　本套教材是根据《乡村建设工匠国家职业标准（2024 年版）》、《乡村建设工匠培训大纲》编写的全国通用培训教材。包括《乡村建设工匠基础知识》《乡村建设泥瓦工》《乡村建设木工》《乡村建设钢筋工》《乡村建设水电安装工》5 册，内容涵盖初级、中级、高级。本套教材可作为乡村建设工匠培训用书。

　　为了更好地支持乡村建设工匠培训工作的开展，我们向采购本书作为教材的单位提供教学课件，有需要的可与出版社联系，邮箱：jckj@cabp.com.cn，电话：（010）58337285。

　　责任编辑：葛又畅　李　杰　李　慧
　　责任校对：姜小莲

乡村建设工匠培训通用教材

乡村建设钢筋工

乡村建设工匠培训通用教材编委会　编写

*

中国建筑工业出版社出版、发行（北京海淀三里河路 9 号）
各地新华书店、建筑书店经销
北京建筑工业印刷有限公司制版
北京云浩印刷有限责任公司印刷

*

开本：787 毫米×1092 毫米　1/16　印张：14¾　字数：304 千字
2024 年 8 月第一版　　2024 年 8 月第一次印刷
定价：50.00 元
ISBN 978-7-112-30137-9
（43121）

丛书编委会

编委会主任　刘李峰

编委会副主任　杨　飞　赵　昭

编委会成员

程红艳　苏　谦　万　健　王东升　黄爱清

厉　兴　孙　昕　揭付军　樊　兵　陈　颖

崔秀明　周铁钢　崔　征　王立韬

主　　编　杨洪海

副主编　何青峰

主　　审　周　明

组织编写单位

住房和城乡建设部人力资源开发中心

丛 书 前 言

乡村建设工匠是乡村建设的主力军。2022年新修订的《中华人民共和国职业分类大典》将乡村建设工匠作为新职业纳入国家职业分类目录。为落实全国住房城乡建设工作会议部署和《关于加强乡村建设工匠培训和管理的指导意见》（建村规〔2023〕5号）的要求，进一步规范乡村建设工匠培训工作，大力培育乡村建设工匠队伍，提高乡村建设工匠技能水平，更好服务农房和村庄建设，在住房城乡建设部村镇建设司指导下，编写团队严格依据《乡村建设工匠国家职业标准（2024年版）》《乡村建设工匠培训大纲》编写了本套通用培训教材。

本套教材包括《乡村建设工匠基础知识》《乡村建设泥瓦工》《乡村建设木工》《乡村建设钢筋工》《乡村建设水电安装工》5册，内容涵盖初级、中级、高级，其中《乡村建设工匠基础知识》介绍了乡村建设工匠应掌握的工程设计、施工、管理、安全、法律法规等基础知识，其他分册介绍了乡村建设工匠4个职业方向的专业技能要求，在培训时要结合两本教材，根据培训对象的技能等级要求进行培训教学。各地可以在通用教材的基础上，根据地域特点和民族特色，从实际出发，灵活设计培训教学内容。后期，编写组还将根据培训实际，组织编写乡村建设带头工匠培训教材。

本套教材4个职业方向的基础部分由湖北城市建设职业技术学院程红艳副教授团队编写，保证了各职业方向基础知识内容的统一性和完整性；教材主编、副主编、主审组织专家团队对教材进行了多轮审核，保证了丛书的科学性和规范性。限于时间有限，本套教材还有不足之处，恳请读者在使用过程中提出宝贵意见。

前　言

　　党的二十大提出"全面推进乡村振兴"。为加快人才振兴，更好服务农房和村庄建设，2023年12月，住房和城乡建设部会同人力资源和社会保障部印发《关于加强乡村建设工匠培训和管理的指导意见》（建村规〔2023〕5号）。文件指出，乡村建设工匠是农村建房的主力军，提高乡村建设工匠技能水平，规范其建造行为，对保障农房质量安全、提升农房居住品质具有重要意义。

　　《乡村建设钢筋工》是提升乡村建设工匠专业技能和综合素质的培训用书。本教材紧跟乡村建设转型升级的需要，对接《乡村建设工匠国家职业标准（2024年版）》，结合新规范、新标准，通过理论与实践、解说与图例相结合的方式，深入浅出地对乡村建设工匠钢筋工应掌握的工具、材料、技能、操作规程和安全规定，以及钢筋工实际操作过程中遇到的问题和整改方法进行了详细介绍。

　　本书由何青峰任主编，骆圣明和厉兴任副主编。第一、二、五、六、九、十章由湖北城市建设职业技术学院程红艳、方锐、李红、周琪编写，第三、四、七、八、十一、十二章由浙江建设职业技术学院方平安、陈园卿、孙群伦、谷雯雯，浙江建设技师学院王良昊、曹军、杨常嘉等收集整理资料及编写。本书在编写过程中得到了人力资源和社会保障部，住房和城乡建设部人事司、村镇建设司，住房和城乡建设部人力资源开发中心，浙江省住房和城乡建设厅，浙江省村镇建设与发展研究会，浙江建设职业技术学院和浙江建设技师学院等单位的大力支持，在此表示衷心的感谢！

　　由于编者水平有限，修订时间仓促，书中难免有不足之处，敬请广大读者批评指正。

目　录

钢筋工（初级）

钢筋工（中级）

钢筋工（高级）

钢筋工（初级）

钢筋工（中级）

钢筋工（高级）

第一章 施工准备

第一节 作业条件准备

（一）防护装备的穿戴

常用的防护装备主要有安全帽、绝缘鞋、防护手套、安全带、护听器等。

1. 安全帽的佩戴

安全帽主要由帽壳、帽衬及配件等组成，如图 1-1 所示。

1）安全帽的佩戴

（1）选择合适大小的安全帽。

过大或过小的安全帽都起不到保护作用。佩戴时应将安全帽放在头上，调整好位置，确保其不会掉落。

（2）拉紧下颏带。

下颏带可以有效地固定安全帽，在佩戴安全帽时，应拉紧下颏带，使其不松动。

（3）检查安全帽是否戴正。

安全帽应戴正，使帽檐位于眉毛上方，并与头部垂直，如图 1-2 所示。如果安全帽没有戴正，可能会影响头部受到冲击时的缓冲效果。

2）安全帽的使用要求

（1）不能私自在安全帽上打孔，不要随意碰撞安全帽，不要将安全帽当板凳坐，以免影响其强度。

（2）安全帽不能在有酸、碱或化学试剂污染的环境中存放，不能放置在高温、日晒或潮湿的场所中，以免老化变质。

（3）使用之前应检查安全帽的外观是否有裂纹、碰伤痕迹、凸凹不平、磨损，帽衬是否完整，帽衬的结构是否处于正常状态。

安全帽的正确佩戴可扫描二维码观看视频 1-1。

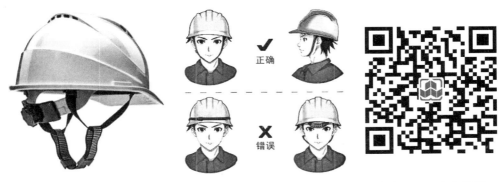

图 1-1 安全帽　　　　　　图 1-2 安全帽佩戴　　　　　视频 1-1 安全帽的
正确佩戴

2. 绝缘鞋的穿戴

工作过程中需要用到很多电动工具，绝缘鞋全鞋无金属，可以有效避免用电损伤。如图 1-3 所示。

图 1-3 绝缘鞋

（1）在选择绝缘鞋时，需要根据工作环境和工作需求来选择合适的绝缘等级。

（2）穿戴绝缘鞋时，应确保鞋内没有异物，同时要注意将鞋带系紧，以免发生意外。脚部应完全覆盖在绝缘鞋内，确保绝缘鞋与脚部紧密贴合。

（3）如果发现绝缘鞋表面有破损、裂纹或老化现象，应及时更换绝缘鞋，以确保其正常使用。

（4）绝缘鞋在使用过程中，应注意保持其清洁干燥。不要与酸碱等化学物质接触，以免损坏绝缘鞋的绝缘性能。使用完毕后，应将绝缘鞋放置在通风干燥的地方，避免阳光直射。

（5）绝缘鞋在使用时，要防止其受到尖锐物体的刺穿或磨损，以免降低其绝缘性能。

（6）使用安全鞋时，应避免与水长时间接触，不可浸泡水洗，否则影响其使用寿命，引起脱胶等问题。

（7）绝缘鞋的使用寿命一般为2～3年，要注意及时更换新的绝缘鞋，以确保其绝缘性能可靠。

3. 防护手套的佩戴

施工操作过程中应对手部进行防护，可用机械防护手套和普通劳保手套，如图1-4、图1-5所示。

图1-4　机械防护手套　　　　　　　　图1-5　普通劳保手套

（1）在佩戴防护手套之前，必须注意手部的清洁和干燥。

（2）佩戴手套时，应确保手套完全覆盖手部，特别是手腕部分。

（3）在工作过程中，避免使用破损、老化或卷边的手套。

（4）使用电动工具切割过程中严禁戴手套。

4. 安全带和安全绳的佩戴

在2m及以上无可靠安全防护设施的高处作业时，必须系挂安全带和安全绳。安全带和安全绳如图1-6所示。安全带及安全绳的使用方法可扫描二维码观看视频1-2。

（a）安全带　　　　　　（b）安全绳

图1-6　安全带和安全绳　　　　　　视频1-2　安全带及安全绳的
使用方法

1）安全带的佩戴

（1）首先抓住安全带的背部 D 形环，摇动安全带，让所有的带子都复位。然后解开胸带、腿带和腰带上的带扣，松开所有的带子。

（2）从肩带处提起安全带，将安全带穿在肩部，系好左腿带或扣索，系好右腿带或扣索，系胸前扣带，如图 1-7 所示，然后系腰部扣带，如图 1-8 所示。

（3）调节胸部扣带、腿带、肩带，直到合适，如图 1-9 所示。

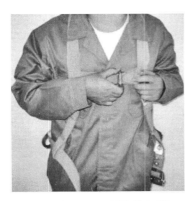　　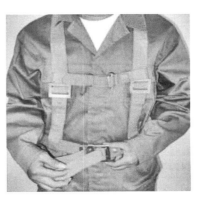

图 1-7　系胸前扣带　　　　　　图 1-8　系腰部扣带

图 1-9　系好的安全带

2）安全带和安全绳的使用要求

（1）在使用安全带时，应检查安全带的部件是否完整，扣环有没有弯曲、裂痕或刻痕，带子有没有磨损的边缘、破裂、切口或其他损坏的地方，并留意松脱或折断的针线等。

（2）安全带使用时应高挂低用。安全绳的长度不能太长，在保证操作活动的前提下，要限制在最短的范围内。

（3）不准将绳打结使用，不准将钩直接挂在不牢固物体上。

（4）使用围杆作业安全带时，不允许在地面上随意拖着绳走，以免损伤绳套，影响主绳。

（5）安全带上的各种部件不得任意拆掉。更换新绳时要注意加绳套。

（6）安全带应储藏在干燥、通风的仓库内，不准接触高温、明火、强酸和尖锐的坚硬物体，也不准长期暴晒、雨淋。

5. 护听器的佩戴

现场切割时噪声很大，需佩戴护听器。护听器主要有耳罩式和耳塞式两大类。

耳罩式护听器按佩戴方式分为环箍式耳罩，如图 1-10（a）所示；挂安全帽式耳罩，如图 1-10（b）所示。耳塞式护听器按佩戴方式分为环箍式耳塞，如图 1-10（c）所示；不带环箍耳塞，如图 1-10（d）所示。

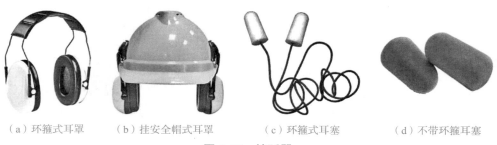

（a）环箍式耳罩　　　（b）挂安全帽式耳罩　　　（c）环箍式耳塞　　　（d）不带环箍耳塞

图 1-10　护听器

常用耳塞式护听器的材质比较柔软舒适，适合长时间佩戴，但佩戴时需要一定的技巧。一般在佩戴前先将耳塞尽可能揉搓成无折缝、细长的圆柱体；然后手绕过脑后，将耳廓尽量向上向外拉；最后把耳塞插入耳道，材料膨胀后堵住耳道，如图 1-11 所示。

图 1-11　耳塞式护听器使用示意图

（二）手持电钻的使用

手持电钻广泛应用于建筑、装修、家具等行业，多数电钻能实现一机三用：起拧螺栓、平钻钻孔及冲击钻孔。手持电钻按供电方式的不同可分为直流电池型，如图 1-12（a）所示；交流电源型，如图 1-12（b）所示。直流电池型机动性更好，但动力稍逊；交流电源型动力强劲，但受连接线长度限制，机动性相对较差。

手持电钻的使用方法可扫描二维码观看视频 1-3。

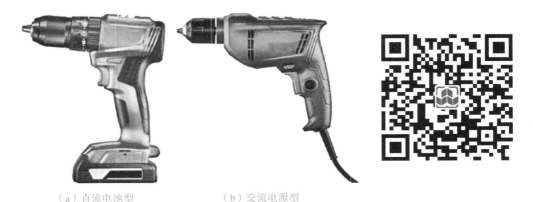

（a）直流电池型　　　　　（b）交流电源型

图 1-12　手持电钻　　　　　　　　视频 1-3　手持电钻的使用方法

1. 手持电钻的检查

（1）使用前应检查钻头是否有裂纹或损伤，如果有损伤，需要更换新的钻头。

（2）检查电源线是否破损，如果发现破损，需要用绝缘胶带缠绕好以防触电，条件允许最好更换新的电源线。

（3）检查手持电钻开关是否处于关闭状态，防止接入电源时手持电钻突然转动导致意外伤害。

（4）电钻开启后可以先空转 1min，观察钻头的旋转方向和进给方向是否一致，检查传动部分是否灵活，有无杂声，钻头、螺钉有无松动，换向器火花是否正常等。

2. 手持电钻的操作

（1）打孔时双手应紧握电钻，尽量不要单手操作，以免因为后坐力或者旋转力导致意外伤害。

（2）打孔时下压的力度不要过大，防止钻头被打断或飞出导致意外伤人。

（3）确保所有手指离开钻头附近再开启电钻工作，以防误伤手指。

（4）清理钻头废屑以及换钻头等操作必须在断开电源的情况下进行。

（5）使用过程中，如果发现电钻过热，应立刻停止使用，进行清除污垢、更换磨损的电刷、调整电刷架弹簧压力等操作。

（6）完成打孔工作后，应先断开电源，等钻头完全停止转动，再将电钻放好；刚使用的钻头可能过热，会烧伤皮肤，不要立马接触。

（7）不使用时要及时拔掉电源插头、拔下钻头以防无意碰断，并将电钻等部件放回设备箱，存放在干燥、清洁的环境中。

3. 手持电钻电池更换

直流电池型手持电钻电池更换很方便，在机身上有电池仓，只要轻抠电池侧面的按钮就可卸下已耗完电的电池，再将已充满电的电池置入电池仓即可，如图 1-13 所示。

4. 手持电钻钻头更换

手持电钻的钻头有手动夹头和自锁夹头两种，如图 1-14 左侧所示。手动夹头型电钻钻头夹持牢固，不易掉落，钻孔精度高。自锁夹头型电钻在更换钻头、螺丝刀头时更加简单快捷。手动夹头型电钻需要用配套的夹头钥匙，如图 1-14 右侧所示。

图 1-13　直流电池型手持电钻电池更换　　　图 1-14　手动夹头和自锁夹头

（1）自锁夹头型钻头更换可分为不带电和带电两种情况。

① 不带电操作时，先按紧夹头下面部分，左右拧动上半部分，将爪夹调至合适的位置；然后将适配的钻头置入爪夹头内，放入合适的长度；最后按紧夹头下面部分，顺时针旋转夹头上半部分，用力拧紧即可，如图 1-15 所示。

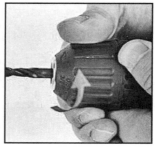

图 1-15　自锁夹头型手持电钻更换钻头（不带电）

② 带电操作时，先攥紧夹头上半部分，按下正／反转开关，启动电钻，将爪夹头调至合适位置；然后将适配的钻头置入爪夹头内，放入合适的长度；最后将电钻调成正转，攥紧夹头上半部分，轻按启动开关拧紧即可，如图 1-16 所示。

图 1-16 自锁夹头型手持电钻更换钻头（带电）

（2）手动夹头型钻头更换时，先插入夹头钥匙，顺时针旋转松开夹头，然后放入适配的钻头，用夹头钥匙逆时针旋紧即可，如图 1-17 所示。

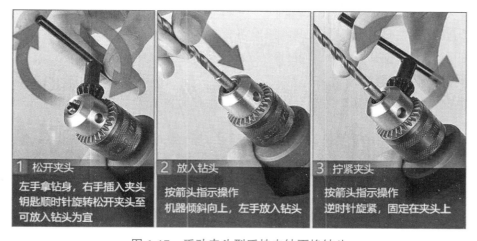

图 1-17 手动夹头型手持电钻更换钻头

（三）无齿锯的使用

无齿锯可轻松切割各种材料，包括钢材、铜材、铝型材、木材等，如图 1-18 所示。

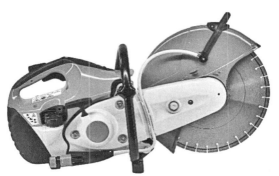

图 1-18 无齿锯

1. 无齿锯的检查

（1）使用前必须认真检查设备的性能，确保设备完好。

（2）电源开关、锯片松紧度、锯片的护罩或安全挡板应进行详细检查，操作台必须稳固，夜间作业必须有足够的照明；检查三角带的磨损情况。

（3）使用前先打开总开关，空载试转几圈，待确认无误后才允许启动。

2. 无齿锯锯片更换

无齿锯锯片使用一段时间后，如果锯片磨损严重，需要更换新的锯片，以满足工程需要。更换锯片的操作方法如下：

（1）切断电源，把锯片用扳手固定，顺着锯片工作方向转动固定锯片的螺栓，拆下锯片。拆下零件时，要按拆下的顺序给零件做好标记和记录。

（2）换上新的锯片，按拆下零件的逆顺序和标记将各零件复位。

（3）拧紧固定螺栓。

（4）试运转，检查锯片转动是否平稳，若平稳则完成换装锯片工作。

【小贴士】无齿锯操作使用过程中需要切割的工件必须夹持牢固，严禁工件未夹紧就开始进行切割工作；严禁在砂轮平面上修磨工件的毛刺，防止砂轮片碎裂伤人；加工完毕应关闭电源；无齿锯应经常检查、清理、保养，旋转和活动部件应进行适当的维护和润滑。

（四）手持灭火器的使用

工程中常用的手持灭火器为干粉灭火器，部分场所会用到二氧化碳灭火器。

1. 手提式干粉灭火器的使用

（1）灭火器使用前，应检查压力是否有效，将灭火器上下用力摆动数次。

（2）拉开安全插销，一只手握住手柄，另一只手握住管子，对准火焰根部，用力按压开关，直至喷射灭火剂并远近扫射前进灭火。

（3）灭火后，立即放松压力，停止喷射灭火剂。

手提式干粉灭火器使用方法如图 1-19 所示。

图 1-19　手提式干粉灭火器使用方法

【小贴士】手提式干粉灭火器在使用时需要注意：保险销拔出后禁止喷嘴对人造成伤害；灭火时，操作人员应在上风方向操作；注意控制灭火点的有效距离和使用时间。

2. 手提式二氧化碳灭火器的使用

手提式二氧化碳灭火器主要用于拯救贵重设备、600V 以下的电器和油类首次起火。灭火时，在距燃烧物 2m 左右拔出灭火器保险销，一只手握住喇叭筒根部的手柄，另一只手紧握启闭阀的压把。当可燃液体呈流淌状燃烧时，将二氧化碳灭火剂的喷流由近而远向火焰喷射。

二氧化碳灭火器在室外使用时，应选择在上风方向喷射，并且手要放在钢瓶的木柄上，不能直接用手抓住喇叭筒外壁或金属连线管，防止冻伤。在室内窄小空间使用时，灭火后操作者应迅速离开，以防窒息。

手提式干粉灭火器及手提式二氧化碳灭火器的使用方法可扫描二维码观看视频 1-4、视频 1-5。

视频 1-4　手提式干粉灭火器的使用方法　　视频 1-5　手提式二氧化碳灭火器的使用方法

第二节　材料准备

（一）钢筋型号区分

1. 钢筋型号区分

钢筋根据表面形状分为光圆钢筋和带肋钢筋。光圆钢筋如图 1-20 所示，带肋钢筋如图 1-21 所示。

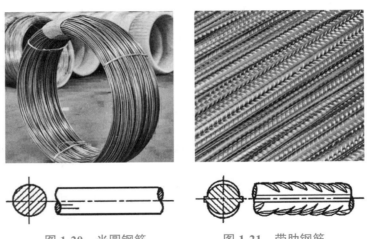

图 1-20　光圆钢筋　　　　　图 1-21　带肋钢筋

【小贴士】HPB300 钢筋用符号"φ"表示，HRB400 钢筋用符号"Φ"表示。热轧光圆钢筋一般作非受力筋用，例如板的分布筋、负筋、梁柱的箍筋等。推荐的钢筋公称直径为 6mm、8mm、10mm、12mm、16mm、20mm。热轧带肋钢筋在钢筋混凝土里被大规模用于各个构件的受力钢筋。推荐的钢筋公称直径为 6mm、8mm、10mm、12mm、14mm、16mm、18mm、20mm、22mm、25mm、28mm、32mm、36mm、40mm、50mm。

2. 钢筋型号现场识别

热轧钢筋出厂时，在每捆上挂不少于 2 个标牌，印有厂标、钢号、炉号、直径等标号，并附质量证明书，如图 1-22 所示。

带肋钢筋表面轧上牌号标志、生产企业序号（生产许可证后 3 位数字）和公称直径毫米数字，还可轧上经注册的厂名或商标。如图 1-23 所示，其中 4E 表示钢筋牌号为 HRB400E，X 即某厂名拼音首字母，25 表示钢筋公称直径为 25mm，062 为生产企业许可证后 3 位数字。

图 1-22　钢筋标牌

图 1-23　带肋钢筋表面标志

（二）木方型号区分

木方一般用于装修、门窗材料或木制家具、结构施工中的模板支撑及屋架用材。乡村建设工程中用到的木方主要有装修用木方、模板支架用木方。

1. 装修用木方型号区分

装修用木方主要用作木龙骨，如图 1-24 所示。常用龙骨有吊顶龙骨、隔墙龙骨、地板龙骨。一般装修用的木方都是用于撑起外面的装饰板或地板。

装修用木方以松木材质居多，长度一般是 4m 长，宽度和厚度常用 20mm×30mm、30mm×30mm、30mm×40mm、40mm×40mm、40mm×60mm 等。

2. 模板支架用木方型号区分

模板支架用木方主要用作模板的背楞、夹木、托木等，如图 1-25所示。

模板支架用木方规格尺寸较多，常见的有 3cm×6cm、3cm×7cm、3cm×8cm、3cm×9cm、3.5cm×7cm、3.5cm×8cm、3.5cm×8.5cm、3.8cm×8.8cm、4cm×7cm、4cm×8cm、4cm×9cm、4.5cm×9cm、5cm×10cm、5.5cm×7cm、6cm×7cm、

8cm×8cm、9cm×9cm、10cm×10cm、12cm×12cm、15cm×15cm、20cm×20cm等。

模板支架用木方的长度一般有 7 种：2m、2.5m、2.7m、3m、3.5m、4m、6m。

图 1-24　装修用木方　　　　　　图 1-25　模板支架用木方

（三）模板型号区分

1. 模板的选用

模板通常按制作材料不同进行分类，主要有木模板、钢模板、木胶合板模板、竹胶合板模板、铝合金模板等。

1）木模板

传统的木模板如图 1-26（a）所示。板间拼缝大，混凝土施工过程中胀模现象较多，模板损耗大，混凝土结构面观感差，周转次数少，易变形，现已几乎被木胶合板模板取代。

2）钢模板

钢模板一般做成定型模板，适用于多种结构形式，在工程施工中广泛应用，如图 1-26（b）所示。钢模板周转次数多，但一次投资量大，乡村建设中应用较少。

3）木胶合板模板

木胶合板模板如图 1-26（c）所示。木胶合板模板具有强度高、板幅大、自重轻、锯截方便、不翘曲、接缝少、不开裂等优点，提高了工程质量和工程进度，在乡村建设施工中用量最大。

4）竹胶合板模板

竹胶合板模板简称竹胶板，比木胶合板模板强度更高，表层经树脂涂层处理后可作为清水混凝土模板。

5）铝合金模板

铝合金模板具有质量轻、刚度大、拼装方便、周转率高的特点，但首次资金投入较高，目前在大型施工项目中应用较为广泛，乡村建设中基本不用。

（a）木模板

（b）钢模板

（c）木胶合板模板

图 1-26　模板

2. 模板型号的区分

木胶合板模板的幅面尺寸有模数制与非模数制之分，其中 1830mm×915mm 和 2440mm×1220mm 两种幅面尺寸较为常用，木胶合板模板的厚度以 15mm、18mm 居多。木胶合板模板规格应符合表 1-1 的规定。

模数制混凝土模板用胶合板的长度和宽度允许偏差为 0、-3mm，非模数制混凝土模板用胶合板的长度和宽度允许偏差为 ±2mm，厚度允许偏差一般为 ±0.7mm，垂直度允许偏差不大于 0.8mm/m，边缘直度允许偏差不大于 1mm/m。

木胶合板模板规格（单位：mm）　　　　　　　　　表 1-1

幅面尺寸				厚度
模数制		非模数制		
宽度	长度	宽度	长度	
		915	1830	
900	1800	1220	1880	
1000	2000	915	2135	12、15、18、21
1200	2400	1220	2440	
		1250	2500	

注：其他规格尺寸由供需双方协议。

【小贴士】建筑模板的尺寸看起来奇怪，是因为用了公制单位毫米（mm），换成英制单位英寸（inch）就很明显了，1830mm×915mm ＝ 72inch×36inch（俗称 6×3 尺），另外的常见尺寸还有 2440mm×1220mm（即 96inch×48inch，俗称 8×4 尺）。

竹胶合板模板规格应符合表 1-2 的规定。

竹胶合板模板规格（单位：mm）　　　　　表 1-2

长度	宽度	厚度
1830	915	9、12、15、18
1830	1220	
2000	1000	
2135	915	
2440	1220	
3000	1500	

注：其他规格尺寸由供需双方协议。

（四）脚手架材料区分

脚手架按材料的不同分为木脚手架、竹脚手架、钢管脚手架或金属脚手架；按搭设位置划分为外脚手架和里脚手架。乡村建设中常用木竹脚手架和扣件式钢管脚手架。

1. 木脚手架材料区分

木脚手架所用材料一般为剥皮杉杆、落叶松或其他坚韧顺直硬木，不得使用杨木、柳木、桦木、椴木、油松和腐朽枯节等质地欠坚韧的易弯、易折的木材。木脚手架中以杉篙脚手架为典型代表，如图 1-27 所示。现在木脚手架已很少使用。

图 1-27　杉篙脚手架

2. 竹脚手架材料区分

竹脚手架一般选用生长期 3 年以上的毛竹或楠竹为材料，如图 1-28 所示。青嫩、枯黄、黑斑、虫蛀、裂纹连通两节以上的竹竿均不能使用。

图 1-28 竹脚手架

竹脚手架同木脚手架一样，各种杆件也使用绑扎材料加以连接，竹脚手架的绑扎材料主要有竹篾、镀锌钢丝、塑料篾等。竹脚手架中所有的绑扎材料也不得重复使用。

3. 扣件式钢管脚手架材料区分

扣件式钢管脚手架的构造示意如图 1-29 所示。搭设扣件式钢管脚手架的材料（简称架料）有钢管、扣件、底座、垫板及脚手板。

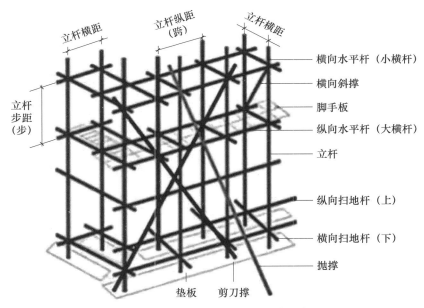

图 1-29 扣件式钢管脚手架构造示意图

1）钢管

用于立杆、大横杆和各支撑杆（斜撑、剪刀撑、抛撑等）的钢管最大长度不得超过 6.5m，一般为 4～6.5m；小横杆所用钢管的最大长度不得超过 2.2m，一般为 1.8～2.2m。如图 1-30 所示。

图 1-30　钢管

2）扣件

扣件主要有直角扣件、旋转扣件、对接扣件三种形式。直角扣件又称十字扣件，用于连接两根垂直相交的杆件，如立杆与大横杆、大横杆与小横杆的连接，如图 1-31（a）所示。旋转扣件又称回转扣件，用于连接两根平行或任意角度相交的钢管的扣件，如斜撑和剪刀撑与立柱、大横杆和小横杆之间的连接，如图 1-31（b）所示。对接扣件又称一字扣件，是钢管对接接长用的扣件，如立杆、大横杆的接长，如图 1-31（c）所示。

扣件在使用前应进行质量检查，并进行防锈处理。有裂缝、变形的严禁使用，出现滑丝的螺栓必须更换。

（a）直角扣件　　　　　　（b）旋转扣件　　　　　　（c）对接扣件

图 1-31　扣件

3）底座

扣件式钢管脚手架的底座为套管、钢板焊接底座，如图 1-32 所示。

4）垫板

脚手架底部即底座下方应设垫板，如图 1-33 所示。

5）脚手板

乡村建设中常用的脚手板有木脚手板、竹串片脚手板、竹笆脚手板等，施工时可根据各地区的材源就地取材选用。

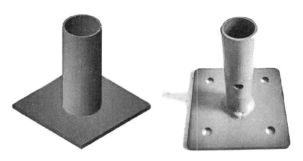

图 1-32　底座　　　　　　　　　　　图 1-33　垫板

（1）木脚手板

木脚手板一般采用杉木或落叶松制作，如图 1-34 所示。

图 1-34　木脚手板

（2）竹串片脚手板

竹串片脚手板采用螺栓穿过并列的竹片，将其串连拧紧而成，如图 1-35 所示。

（3）竹笆脚手板

竹笆脚手板采用平放的竹片纵横编织而成，如图 1-36 所示。

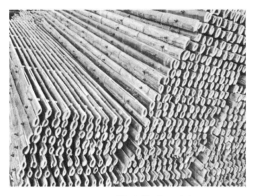

图 1-35　竹串片脚手板　　　　　　　图 1-36　竹笆脚手板

（五）材料的分类码放

1. 钢筋的分类码放

当钢筋运进施工现场后，必须严格按批分等级、牌号、直径、长度挂牌存放，并注明数量，不得混淆。

1）码放场地要求

钢筋应尽量堆入仓库或料棚内，以防止雨雪浸湿钢筋导致生锈。堆放钢筋的场地要坚实平整，在场地基层上用混凝土硬化或用碎石硬化。

条件不具备时，应选择地势较高、土质坚实、较为平坦的露天场地存放。在存放场地周围挖排水沟，以利于泄水。堆放时钢筋下面要加垫木，离地不宜少于 20cm，以防钢筋锈蚀和污染。

2）钢筋分类码放

钢筋原材进入现场后，应分规格、分型号进行堆放，不能为了卸料方便而随意乱放。

钢筋原材及成品钢筋堆放场地必须设有明显的标识牌。钢筋原材标识牌上应注明钢筋进场时间、受检状态、钢筋规格、长度、产地等；成品钢筋标识牌上应注明构件名称、部位、钢筋类型、尺寸、牌号、直径、根数，不能将不同构件的钢筋混放在一起，如图 1-37 所示。

图 1-37　钢筋分类码放

2. 水泥的分类码放

施工现场水泥堆放应按施工现场平面图指定的地方堆放，不得随意堆放。水泥应按品种、标号分类堆放。库内存放的水泥，其堆放距墙、地不少于 200mm。散装水泥要认真打包，包装袋及时回收，散落灰及时清运。袋装水泥堆放高度不能超过 10

袋，如图 1-38 所示。堆放水泥的场地要硬化，地势较高，排水畅通，露天堆放水泥要加盖苫布。

3. 砌筑材料的码放

砌筑材料的堆放位置应在起吊机械附近，要尽量减少二次搬运，使场内运输路线最短，以便砌筑时起吊。堆放场地应平整夯实、最好硬化，砌筑材料堆放平稳，并做好排水工作。砌筑材料规格、数量必须配套，按不同类型分别堆放，如图 1-39 所示。

图 1-38　水泥码放　　　　　　　　图 1-39　砌筑材料码放

4. 木方的分类码放

木方应按尺寸不同分类码放，码放要求上盖下垫，硬化地面，场地不能积水。
（1）不能直接堆放在地面上，下面要垫起 20～30cm 的高度，如图 1-40 所示。

图 1-40　木方码放

（2）木方堆场如无雨棚，要进行覆盖，避免雨淋和太阳照射。
（3）木方码放整齐有序，高度一般不超过 1.5m，方便取用并保证安全。
（4）木材是易燃物，码放区要注意防火。

（5）木方应分别横竖交错层层堆放，须同方向堆放时应考虑通风，堆放应结实整齐，不下陷不歪斜。垛间距离不得小于 1m。

（6）操作区宜设有贯穿的纵横通道。主通道的宽度应根据运行车辆的种类而定，最窄处不得小于 2m。单独用作安全疏散用的通道，其最小宽度不得小于 1.4m。

5. 模板的分类码放

模板码放前应做好外表的处理工作，一般均匀涂一层隔离剂，以便脱模和外表清洗。模板要进行编号，以便再次使用时快速查找。地面上模板的码放高度不超过 1.5m，架子上模板的码放高度不超过 3 层。不得随意靠墙堆放模板。应注意板面与地面不可直接接触，用木方将模板层层隔开，保持模板通风，同时更要注意遮挡，防止日晒雨淋。木工厂和木质材料堆放的场地严禁烟火，并按要求配备消防器材。其他码放要求同木方。

6. 脚手架的分类码放

（1）脚手架按构件分类码放，杆件、脚手板、辅助材料分类分堆，如图 1-41 所示。

图 1-41　脚手架材料分类码放

（2）钢管分尺寸分类堆放，搭设堆放架，扣件、零配件集中分类堆放扣件池内，不散不乱，并挂材料标示牌。

（3）钢管周转材料堆放要求场地地面硬化及不积水，堆放限高≤ 1.2m，采用搭钢管架子堆放限高≤ 2m。

第三节　施工机具准备

（一）现场机具开关箱位置识别

根据《供配电系统设计规范》GB 50052—2009、《施工现场临时用电安全技术规范》JGJ 46—2005 要求，施工现场用电必须符合下列规定：

（1）采用三级配电系统，即总配电柜或箱、分配电箱、开关箱，如图 1-42 所示。

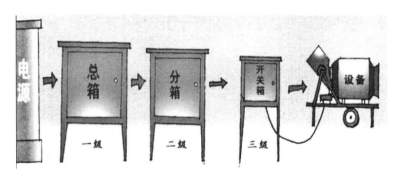

图 1-42　三级配电系统

（2）采用 TN-S 接零保护系统，现场中所有的配线均采用三相五线制。

（3）采用二级漏电保护系统，即除在末级开关箱内加装漏电保护器外，还要在上一级分配电箱或总配电箱中再加装一级漏电保护器，总体上形成两级保护。

配电箱位置的识别

1）三级配电箱

乡村建设施工阶段多为临时用电。临时用电就是在某个地方施工需要用电，临时搭建配电箱，再由各级配电箱分支到各个用电现场。配电箱分为一级配电箱（总配电箱）、二级配电箱（分配电箱）、三级配电箱（开关箱）三种。其中，一级配电箱是从变压器引入三相电源、地线、零线；二级配电箱是从一级配电箱电源至临时用电区域；三级配电箱是电器设备自身的控制柜。各级配电箱如图 1-43 所示。

2）施工现场配电箱位置的识别

（1）一级配电箱位置

一般安装在变压器或者配电室附近，如果工地距变压器或者配电室远，则会考虑安装到工地用电机械相对中心位置，且不影响物资运输和存放，为下步安装二级配电箱做准备。

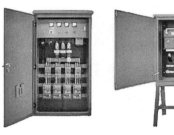  

（a）一级配电箱　　　　　　（b）二级配电箱　　　　　　（c）三级配电箱

图 1-43　配电箱

（2）二级配电箱位置

一般安装在起吊设备与搅拌机中间位置，且不影响物资运输和存放。钢筋制作区、木工加工区等各放置一台。

（3）三级配电箱位置

安装在用电设备负荷相对集中的地区，二级配电箱与三级配电箱之间的距离不超过 30m。

【小贴士】动力配电箱与照明配电箱分别设置，如合置在同一配电箱内，动力与照明线路分路设置，照明线路接线接在动力开关的上侧。三级配电箱是末级配电箱配电，箱内一机一闸一漏，每台用电设备都有自己的开关，严禁用一个开关电器直接控制两台以上的用电设备。

3）配电箱安装位置的要求

配电箱安装位置主要考虑安全和使用便利两方面。

（1）安全

配电箱、开关箱应装设在干燥、通风及常温场所；不得装设在瓦斯、烟气、蒸汽、液体及其他有害介质中。不得装设在易受外来物体撞击、强烈振动、液体浸溅及热源烘烤的场所。避免在潮湿、易燃的环境中安装，以免电路设施遭受损害。

（2）使用便利

一般应该安装在方便操作的地方，周围不要堆积材料，不要遮挡配电箱。另外，也要远离干扰因素，如电器、电线、垃圾桶等。常见配电箱及开关箱安装如图 1-44～图 1-47 所示。

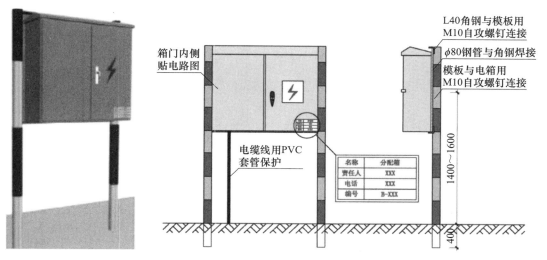

图 1-44　固定式分配电箱示意图

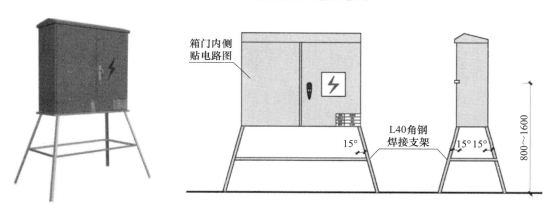

图 1-45　移动式分配电箱示意图

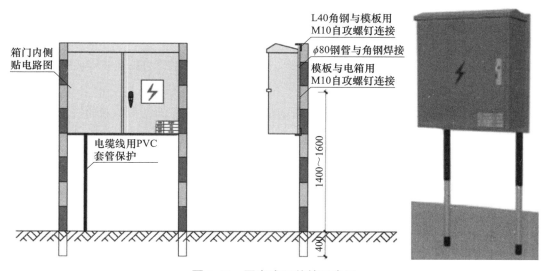

图 1-46　固定式开关箱示意图

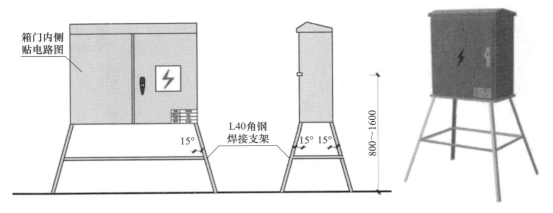

图 1-47　移动式开关箱示意图

（二）设备的通断电和开关箱的使用

1. 设备的通、断电

1）设备通、断电的步骤

施工现场设备在使用过程中，必须按照下述步骤通、断电：

通电操作步骤：总配电箱→分配电箱→开关箱。

断电操作步骤：开关箱→分配电箱→总配电箱（出现电气故障和紧急情况除外）。

2）设备通、断电的要求

（1）通电之前，必须检查设备和电线路是否完好，有无损坏和缺陷；检查设备插头是否插紧；查看设备的开关是否处于关闭状态，否则突然通电会造成设备和人员的安全隐患。

（2）设备断电前，应提前告知相关人员，设备停止运行，避免设备在运行状态下突然断电而造成损坏。

（3）对配电箱、开关箱进行定期维修、检查时，必须将其前一级相应的电源隔离开关分闸断电，并应悬挂"禁止合闸、有人工作"停电标志牌，严禁带电作业。

（4）对手持电动工具、搅拌机、钢筋加工机械、木工机械等设备进行清理、检查、维修时，必须首先将其开关箱分闸断电，呈现可见电源分断点，并关门上锁。

（5）工作中如遇中途断电后再复工时，应重新检查所有用电安全措施，一切正常后，方可重新开始工作。

2. 现场机具开关箱的使用

配电箱及开关箱在使用过程中需注意下列事项：

（1）配电箱、开关箱必须防雨、防尘。施工现场停止作业 1h 以上时，应将动力开关箱断电上锁。配电箱、开关箱周围应有足够两人同时工作的空间和通道。

（2）进入开关箱的电源线，严禁用插销连接。所有配电箱均应标明名称、用途，并作出分路标记。所有配电箱门应配锁，配电箱和开关箱应由专人负责。

（3）配电箱、开关箱内的连接线应采用绝缘导线，接头不得松动，不得有外露带电部分。

（4）配电箱和开关箱金属箱体、金属电器安装板以及箱内电器的不应带电底座、外壳等必须作保护接零。保护零线应通过接线端子板连接。各种开关电器的额定值应与其控制用电设备的额定值适应。

（5）开关箱中必须装设漏电保护器。漏电保护器应装设在配电箱电源隔离开关的负荷侧和开关箱电源隔离开关的负荷侧。

（6）手动开关电器只许用于直接控制照明电路和容量不大于 5.5kW 的动力电路。容量大于 5.5kW 的动力电路采用自动开关电器或降压启动装置控制。

（7）配电箱、开关箱内的电器必须可靠完好，不准使用破损、不合格的电器。

【小贴士】所有配电箱、开关箱应每月进行检查和维修一次。检查、维修人员必须是专业电工。检查、维修时必须按规定穿戴绝缘鞋、手套，必须使用电工绝缘工具。对配电箱、开关箱进行检查、维修时，必须将其前一级相应的电源开关分闸断电，并悬挂停电标志牌，严禁带电作业。

第二章 测量放线

第一节 测量

【小贴士】工程量是以物理计量单位或自然计量单位表示的各个分项工程和结构构件的数量。物理计量单位一般是指以公制度量表示的长度、面积、体积和重量等。如楼梯扶手以"米"为计量单位；墙面抹灰以"平方米"为计量单位；混凝土以"立方米"为计量单位；钢筋的加工、绑扎和安装以"吨"为计量单位等。自然计量单位主要是指以物体自身为计量单位来表示工程量。如直螺纹套筒以"个"为计量单位；设备安装工程以"台""套""组""个""件"等为计量单位。

（一）建筑尺寸一般知识

（1）房间开间。房间开间指相邻两面墙之间的水平距离，即房间的宽度。房间开间的常见范围有：小型住宅 2.7～3.0m；中型住宅 3.3～3.6m；大型住宅 3.9～5.4m。

（2）房间进深。房间进深指房间的长度，即从前墙到后墙的距离。房间进深的常见范围有：小型住宅 3.6～4.5m；中型住宅 4.8～6.0m；大型住宅 6m 以上。

（3）柱的截面。柱的截面尺寸取决于其所承受的荷载、建筑高度和结构形式。常见的柱截面形状有矩形和圆形，尺寸范围如下：矩形截面的尺寸通常为 300～800mm；圆形截面的直径通常为 300～1000mm。

（4）墙体厚度。常见的墙体厚度有：半砖墙为 120mm；一砖墙为 240mm；一砖半墙为 370mm；两砖墙为 490mm。

（5）梁的高度。梁的高度是根据跨度、荷载和建筑结构要求来确定的。常见的梁高尺寸有：小型梁 200～400mm；中型梁 400～800mm；大型梁 800mm 以上。

（6）梁的宽度。梁的宽度通常与梁的高度保持一定的比例，以保证梁的结构性能。常见的梁宽尺寸为 200～400mm。

（7）楼板厚度。楼板的厚度取决于其材料、跨度、荷载等因素。常见的楼板厚度有：钢筋混凝土楼板 100~150mm；轻质楼板（如木质、金属等）根据所选材料的不同，厚度通常为 10~100mm。

（8）楼梯尺寸。踏步常见的尺寸为 150mm×300mm；楼梯净宽不小于 1100mm，不大于 2400mm。

（9）门窗尺寸。门的宽度通常为 0.8~1.2m，高度通常为 1.9~2.4m；常见门的尺寸：单门900mm×2400mm，双门1200mm×2400mm、1500mm×2400mm、1800mm×2400mm、2100mm×2400mm。窗的宽度通常为 1.0~2.0m，高度通常为 1.2~2.4m。

（二）单位的区分

常用的基本单位有长度单位、角度单位、重量单位、面积单位、容积单位等。

1. 长度单位的区分

长度单位常用千米（km）、米（m）、分米（dm）、厘米（cm）、毫米（mm）等。长度单位在各个领域都有重要的作用。

2. 角度单位的区分

角度用于描述角的大小，度是用以度量角的大小的单位，符号为"°"。一周角分为360等份，每份为1度（1°）。1°分为60等份，每份为1分（1′）。1′再分为60等份，则每份为1秒（1″）。

3. 重量单位的区分

重量单位常用吨（t）、千克（kg）、克（g）、毫克（mg）等，一般用电子秤或磅秤等进行称重操作。这里所说的重量，实际上是质量，在日常生活中，也常说重量是多少公斤或斤。

4. 面积单位的区分

面积单位常用平方毫米（mm^2）、平方厘米（cm^2）、平方分米（dm^2）、平方米（m^2）、公顷（hm^2）、平方千米（km^2）。常见平面图形的面积计算公式列举如下：

长方形（矩形）：长方形（矩形）面积＝长 × 宽＝ ab

正方形：正方形面积＝边长 × 边长＝ a^2

平行四边形：平行四边形面积＝底 × 高＝ ah

三角形：三角形面积＝底 × 高 ÷2＝ $ah/2$

梯形：梯形面积＝（上底＋下底）× 高 ÷2＝$(a+b)h/2$

圆形：圆形面积＝圆周率 × 半径 × 半径＝ πr^2

5. 容积单位的区分

容积单位常用升（L）和毫升（mL），也用立方米（m^3）、立方分米（dm^3）、立方厘米（cm^3）等，其中 $1dm^3 = 1L$，$1cm^3 = 1mL$。常见立体图形的容积计算公式列举如下：

长方体：长方体容积＝长 × 宽 × 高＝ abh

正方体：正方体容积＝棱长 × 棱长 × 棱长＝ a^3

圆柱体：圆柱体容积＝底面积 × 高＝ $\pi r^2 h$

圆锥体：圆锥体容积＝底面积 × 高 ÷ 3＝ $\pi r^2 h/3$

（三）单位的换算

1. 长度单位的换算

主要长度单位之间的换算关系见表 2-1。

主要长度单位换算表　　　　　　　　　　　　　　表 2-1

单位	公制					市制			
	米（m）	分米（dm）	厘米（cm）	毫米（mm）	千米（km）	市寸	市尺	市丈	市里
1m	1	10	100	1000	$1×10^{-3}$	30	3	0.3	0.002
1dm	0.1	1	10	100	$1×10^{-4}$	3	0	0.03	$2×10^{-4}$
1cm	0.01	0.1	1	10	$1×10^{-5}$	0.3	0.03	0.003	$2×10^{-5}$
1mm	0.001	0.01	0.1	1	$1×10^{-6}$	0.03	0.003	0.0003	$2×10^{-6}$
1km	1000	10000	$1×10^{5}$	$1×10^{6}$	1	30000	3000	300	2
1市寸	0.033	0.33	3.33	33.33	$3.33×10^{-5}$	1	0.1	0.01	$6.67×10^{-5}$
1市尺	0.33	3.33	33.33	333.33	$3.33×10^{-4}$	10	1	0.1	$6.67×10^{-4}$
1市丈	3.33	33.33	333.33	3333.33	$3.33×10^{-3}$	100	10	1	$6.67×10^{-3}$
1市里	500	5000	50000	$5×10^{5}$	0.5	15000	1500	150	1

2. 角度单位的换算

常用角度单位之间的换算关系见表 2-2。

常用角度单位换算表 表 2-2

单位	角度		
	度（°）	分（′）	秒（″）
1°	1	60	3600
1′	1/60	1	60
1″	1/3600	1/60	1

3. 质量单位的换算

常用公制与市制质量单位之间的换算关系见表 2-3。

常用公制与市制质量单位换算表 表 2-3

单位	公制			市制		
	千克（kg）	克（g）	吨（t）	两	斤	担
1kg	1	1000	0.001	20	2	0.02
1g	0.001	1	1.0×10^{-6}	0.02	0.002	0.2×10^{-4}
1t	1000	1000000	1	20000	2000	20
1 两	0.05	50	0.5×10^{-4}	1	0.1	0.001
1 斤	0.5	500	0.0005	10	1	0.01
1 担	50	50000	0.05	1000	100	1

4. 面积单位的换算

常用公制与市制面积单位之间的换算关系见表 2-4。

常用公制与市制面积单位换算表 表 2-4

单位	公制			市制		
	平方米（m²）	公顷（hm²）	平方千米（km²）	亩	分	厘
1m²	1	0.0001	0.000001	0.0015	0.015	0.15
1hm²	10000	1	0.01	15	150	1500
1km²	1000000	100	1	1500	15000	150000
1 亩	666.$\dot{6}$	0.0$\dot{6}$	0.000$\dot{6}$	1	10	100
1 分	66.$\dot{6}$	0.00$\dot{6}$	0.0000$\dot{6}$	0.1	1	10
1 厘	6.$\dot{6}$	0.000$\dot{6}$	0.000006$\dot{6}$	0.01	0.1	1

5. 容积单位的换算

常用容积单位之间的换算关系见表 2-5。

常用容积单位换算表   表 2-5

单位	立方米（m³）	立方分米（dm³）	立方厘米（cm³）	升（L）	毫升（mL）
1m³	1	1000	1000000	1000	1000000
1dm³	0.001	1	1000	1	1000
1cm³	0.000001	0.001	1	0.001	1
1L	0.001	1	1000	1	1000
1mL	0.000001	0.001	1	0.001	1

第二节　放线

（一）放线工具的使用

1. 放线方法的选用

常规放线主要依据解析几何法先进行内业计算后，再用经纬仪与钢卷尺联合放线。常见的放线方法主要有直接拉线法、几何作图法、直角坐标法、极坐标法、直角坐标和计算机辅助法等。各种方法的特点见表 2-6。

放线方法比较   表 2-6

方法	优点	缺点	局限性
直接拉线法	操作简便	精度不高	用于表面平整
几何作图法	施工麻烦，桩点多	精度不高	受场地影响大
直角坐标法	施工操作方便	内业计算量大，易出错	桩点较多
极坐标法	施工操作方便	内业计算量大，易出错	桩点较多
直角坐标和计算机辅助法	施工简便，精度较高，内业计算工作量小		不受施工场地限制，自动校正

2. 放线工具的使用

常用放线工具有钢卷尺、经纬仪、水准仪、全站仪、激光水平仪等。

1）钢卷尺

钢卷尺尺宽 1～1.5cm，长度有 20m、30m、50m 等。常用的钢卷尺全尺刻有毫米分划，在每厘米、每分米及每米的分划线处均注有数字。由于钢卷尺的零点位置不同，又分为端点尺与刻线尺。端点尺如图 2-1（a）所示，是以钢卷尺的外端点为零点。刻线尺如图 2-1（b）所示，在尺的起始端刻有一细线作为尺的零点。

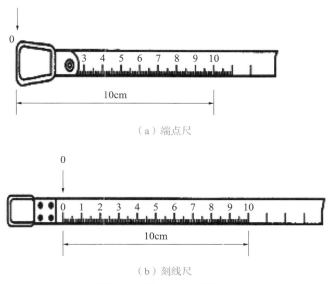

（a）端点尺

（b）刻线尺

图 2-1　端点尺和刻线尺

2）经纬仪

经纬仪的结构如图 2-2 所示。经纬仪的操作如下：

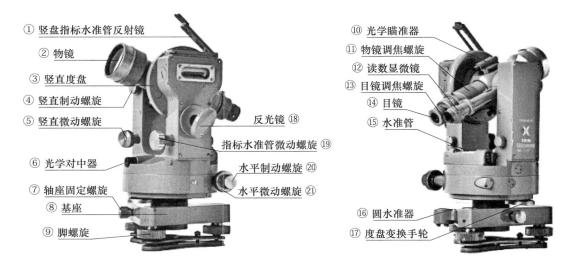

① 竖盘指标水准管反射镜
② 物镜
③ 竖直度盘
④ 竖直制动螺旋
⑤ 竖直微动螺旋
⑥ 光学对中器
⑦ 轴座固定螺旋
⑧ 基座
⑨ 脚螺旋
反光镜 ⑱
指标水准管微动螺旋 ⑲
水平制动螺旋 ⑳
水平微动螺旋 ㉑
⑩ 光学瞄准器
⑪ 物镜调焦螺旋
⑫ 读数显微镜
⑬ 目镜调焦螺旋
⑭ 目镜
⑮ 水准管
⑯ 圆水准器
⑰ 度盘变换手轮

图 2-2　经纬仪的结构

（1）安置经纬仪

安置仪器时，先张开三脚架，放在测站点上，使脚架头大致水平，架头中心大致对准测站标志，同时注意使脚架的高度适中，以便观测；然后装上仪器，旋紧中心连接螺旋。

（2）经纬仪的对中

调节好光学对中器⑥，固定三脚架的一条腿于适当位置作为支点，两手分别握住另外两条腿提起并作前后左右的微小移动；在移动的同时，从光学对中器⑥中观察，使地面标志中心成像于对中器的中心小圆圈内，然后放下两架腿，固定于地面上。其对中误差一般小于1mm。

（3）经纬仪的整平

整平分为粗平和精平。粗平方法：调节伸缩三脚架腿直至使仪器圆水准器⑯气泡居中；精平步骤为：转动脚螺旋⑨使照准部管水准器（水准管⑮）气泡居中，从而保证仪器的竖轴竖直和水平度盘水平。整平时，转动仪器的照准部，使水准管⑮平行于任意一对脚螺旋⑨的连线，左、右手转动脚螺旋，使气泡居中。再将仪器绕竖轴旋转90°，使管水准器（水准管⑮）与原两脚螺旋的连线垂直，转动第三只脚螺旋，使气泡居中，如图2-3所示。

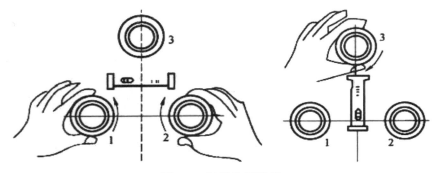

图2-3　经纬仪的整平

只有连续两次将仪器绕竖轴旋转90°后，管水准器（水准管⑮）仍然居中，方为合格；否则，依照上述方法继续调整，直至合格为止。

（4）经纬仪的瞄准与读数

瞄准：首先是目镜⑭调焦，把望远镜对着明亮的背景，转动目镜调焦螺旋⑬，使望远镜十字丝成像清晰；再进行粗略瞄准，松开经纬仪的水平制动螺旋⑳和竖直制动螺旋④，转动望远镜，通过粗瞄准器照准目标的底部，调整物镜调焦螺旋⑪，使目标成像清晰，拧紧水平制动螺旋⑳和竖直制动螺旋④。调整水平微动螺旋㉑和竖直微动螺旋⑤，使单根十字丝竖丝与目标中线重合，双根十字丝竖丝夹准目标，十字丝的中丝与目标点相切。

读数：瞄准目标后，打开采光窗，调整反光镜的位置，使读数窗明亮，再调整读数显微镜调焦螺旋，使读数清晰，根据读数装置来正确读取读数。同时，记录员将所测方向读数值记录在测量手簿中。

3）水准仪

水准仪结构图如图 2-4 所示。水准仪的操作如下：

（1）安置水准仪

在测站上安置三脚架，调节架腿使其高度适中，目估使架头大致水平，检查脚架伸缩螺旋是否拧紧。打开仪器箱，取出水准仪置于三脚架头上，用连接螺旋把水准仪与三脚架头固定连接在一起，如图 2-5 所示。安置时，一手扶住仪器，一手用中心连接螺旋将仪器牢固地连接在三脚架上，以防仪器从架头滑落。

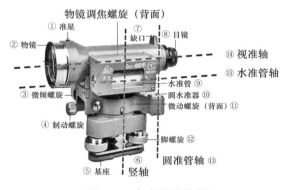

图 2-4　水准仪结构图　　　　　图 2-5　水准仪架设

（2）水准仪粗略整平

先将三脚架中的两架脚踏实，然后操纵第三架脚左右、前后缓缓移动，使圆水准器⑩气泡基本居中，再将此架脚踏实，然后调节脚螺旋⑫使气泡完全居中。调节脚螺旋⑫的方法如图 2-6 所示，在整平过程中，气泡移动的方向与左手（右手）大拇指转动方向一致（相反）。有时要按上述方法反复调整脚螺旋，才能使气泡完全居中。

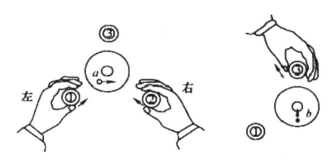

图 2-6　圆水准器气泡居中

（3）水准仪瞄准水准尺

a. 首先进行目镜⑧对光，即把望远镜对着明亮背景，转动目镜调焦螺旋使十字丝成像清晰。

b. 松开制动螺旋④，转动望远镜，用望远镜筒上部的准星①和照门大致对准水准尺后，拧紧制动螺旋④。

c. 从望远镜内观察目标，调节物镜②调焦螺旋，使水准尺成像清晰。

d. 最后用微动螺旋⑪转动望远镜，使十字丝竖丝对准水准尺的中间稍偏一点，以便进行读数。

（4）消除水准仪视差

消除视差的方法是反复进行目镜⑧和物镜②调焦。直至眼睛上、下移动，读数不变为止。此时，从目镜⑧端所见十字丝与目标成像都十分清晰。

（5）水准仪的精平与读数

a. 精确整平。调节微倾螺旋③，使目镜⑧左边观察窗内的符合水准器的气泡两个半边影像完全吻合，这时水准仪视准轴⑭处于精确水平位置。精平时，由于气泡移动有一个惯性，所以转动微倾螺旋③的速度不能太快。只有符合气泡两端影像完全吻合而又稳定不动，才表示水准仪视准轴⑭处于精确水平位置。带有水平补偿器的自动安平水准仪不需要这项操作。

b. 读数。符合水准器气泡居中后，即可读取十字丝中丝在水准尺上的读数。直接读出米、分米和厘米，估读出毫米。一般的水准仪多采用倒像望远镜，因此读数时应从小到大，即从上往下读。也有正像望远镜，读数与此相反。

c. 精确整平与读数虽是两个不同的操作步骤，但在水准测量的实施过程中，却把两项操作视为一体，即精平后再进行读数。读数后还要检查水准管⑨气泡是否完全符合，只有这样，才能读取准确的读数。

d. 当改变望远镜的方向做另一次观测时，水准管⑨气泡可能偏离中央，必须再次调节微倾螺旋③，使气泡吻合才能读数。

（6）普通水准仪一般性检验

a. 水准仪校正之前，应先进行一般性的检验，检查各主要部件是否能起有效的作用。

b. 安置仪器后，应检验望远镜成像是否清晰，物镜②对光螺旋和目镜⑧对光螺旋是否有效，制动螺旋④、微动螺旋⑪、微倾螺旋③是否有效，脚螺旋⑫是否有效，三脚架是否稳固等。

4）全站仪

用全站仪放样的步骤包括测量准备、建站定向、设置放样点坐标和实施放样。

（1）测量准备

全站仪放样用到的仪器工具如图 2-7 所示。

在测站点 A 安置全站仪，对中整平，在后视点 B 竖立棱镜，如图 2-8 所示。

（2）建站定向

点击"建站"，进行已知点建站和后视检查，完成建站定向，如图 2-9 所示。

输入测站点坐标，如图 2-10 所示。

图 2-7　全站仪坐标放样仪器工具

A (X_A, Y_A)
测站点

B (X_B, Y_B)
后视点

图 2-8　全站仪放置

图 2-9　建站定向

图 2-10　输入测站点坐标

设置后视点坐标或方位角，如图 2-11 所示。

照准后视，进行后视点设置，完成建站，如图 2-12 所示。

（3）设置放样点坐标

进入点放样界面，输入或者调取放样点坐标，如图 2-13 所示。

图 2-11　设置后视点

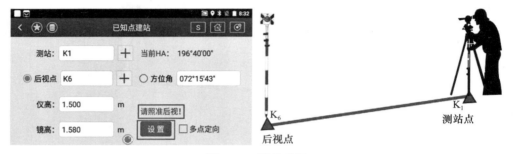

图 2-12　照准后视

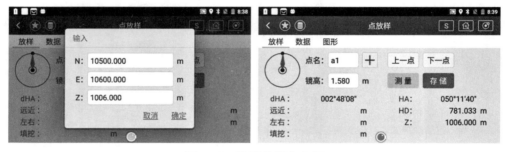

图 2-13　设置放样点坐标

（4）实施放样

旋转仪器直到 dHA 为 0°00′00″，指挥立尺员移动棱镜。程序自动计算，得到棱镜前后移动的距离。根据提示，不断反复"测量"并移动棱镜直到 dHA 和前后、挖填全部为 0，则找到放样点。如图 2-14 所示。

图 2-14　实施放样

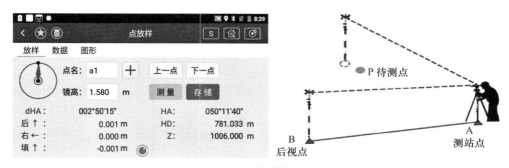

图 2-14 实施放样（续）

5）激光水平仪

激光水平仪是一种智能化显示装置仪器，通过投射光线，直观地展示区域水平、垂直情况，常搭配脚架使用，如图 2-15 所示。

激光水平仪的使用方法很简单，首先打开开关，水平仪上一般有自动校正系统，如果不平它会自动发出声音，水平之后就没有声音了。测量时，待气泡完全静止后方可进行读数。

为避免由于水平仪零位不准引起的测量误差，使用前必须对水平仪的零位进行校对。

激光水平仪的使用可扫描二维码观看视频 2-1。

图 2-15 激光水平仪 视频 2-1 激光水平仪的使用

（二）现场放线与图纸位置的对应

1. 测量放线基本知识

1）控制点

在进行测量放线工作之前，首先需要选取合适的控制点。一般来说，控制点应选取在不易受外界干扰、视野开阔且能长期保存的地方。埋设控制点时，需采用坚固的基座和标志，确保点位的稳定和长期有效。

2）放线

放线主要包括设置导线、角度测量和距离测量等步骤。首先，根据工程需要和设计要求，合理设置导线网，确保导线能够覆盖整个测区。然后，利用经纬仪等仪器进行角度测量，确保导线网的准确性。同时，使用测距仪等工具进行距离测量，精确计算各导线点的坐标。

3）沉降观测

在工程建设和使用过程中，由于地基土质的差异、施工荷载的变化等因素，建筑物可能会出现沉降现象，需通过沉降观测及时发现安全隐患。在进行沉降观察时，需要选择合适的观测点，定期测量各点的高程变化，绘制沉降曲线图，分析建筑物的沉降趋势和速率。

4）拉线和弹线方法

为保证放线精度，放线时需注意采用正确的弹线方式。工人用手把线掭起来的时候，要保证线所在的平面和被弹线的面成 90°直角，否则线就会弯。若是两个人拉线，站在同一侧或者不同侧都是错误的，要面对面站立，如图 2-16 所示。

铅笔画好点后，一个人按在点上，另一个负责弹线的人拉线的时候则要把线延长一点。弹线的人把线掭起来，闭上一只眼睛，另一只眼睛瞄准，眼睛、线绳和铅笔画的点三点成一线，如图 2-17 所示。

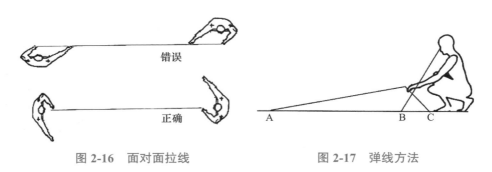

图 2-16　面对面拉线　　　　　图 2-17　弹线方法

2. 现场放线与图纸位置的对应

现场放线与图纸位置对应最直观的方法就是先把现场的方位与图纸结合起来，找出图纸和现场的对应点，比如柱、结构墙等，从这些地方开始，按图纸所标明的尺寸放线。如果遇到图纸与现场实际不符的情况，必须做好记录，在现场验线时提出。

施工现场放线与图纸位置对应的方法如下：

（1）进场后首先对房主提供的施工图进行复核，以确保设计图纸尺寸无误。

（2）按照图纸的设计要求并结合现场条件，建立控制坐标和水准点。水准点由永久水准点引入，应采取保护措施，确保水准点不被破坏。

（3）对现场的坐标和水准点进行检查，发现误差过大时应进行处理，经确认后方可正式定位放线。

（4）取工程纵横向的主轴线作为现场控制网轴线，组成现场控制网。工程的其他轴线依据主轴线位置确定。

（5）工程定位后要对照图纸进行复核验收，合格后方可开始施工。

3. 工程案例

实际工程放线案例如图 2-18 所示。

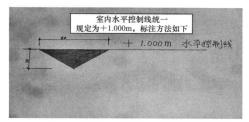

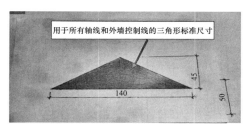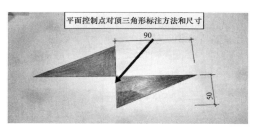

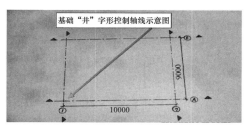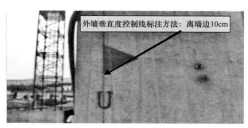

图 2-18 实际工程放线案例

图 2-18　实际工程放线案例（续）

第三章 钢筋工程施工

第一节 钢筋加工

（一）马凳筋、架立筋的加工

1. 马凳筋下料计算与加工

马凳筋设置于现浇钢筋混凝土板上下两层钢筋网片中间，如图 3-1 所示，起到支撑上层板钢筋的作用，避免板上部钢筋弯曲和下陷，影响工程质量。常用马凳筋种类有 I 形马凳筋（几字形马凳筋）、T 形马凳筋、三角形马凳筋等，其中，I 形马凳筋使用最广泛，如图 3-2 所示。

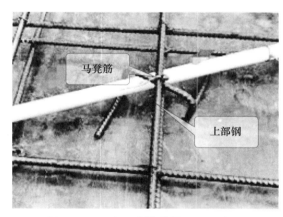

图 3-1　I 形马凳筋放置位置示意图

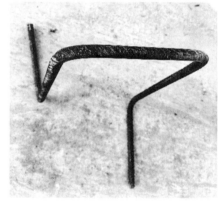

图 3-2　I 形马凳筋示意图

1）马凳筋下料计算

以 I 形马凳筋为例，从图 3-3 可知马凳筋下料计算分为上平直段 L_1、马凳筋高度 L_2、下平直段 L_3 以及 4 个角度调整值计算。

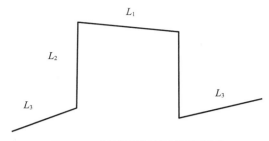

图 3-3　Ⅰ形马凳筋下料示意图

（1）上平直段 L_1 为板筋间距加 50mm，下平直段 L_3 一般为 100mm。

（2）L_2 可按式（3-1）计算。

$$L_2 = H - 2 \times c - d_1 - d_2 \qquad （3-1）$$

式中：L_2——马凳筋高度，mm；

　　　H——板厚，mm；

　　　c——保护层厚度，mm；

　　　d_1——板上层钢筋直径，mm；

　　　d_2——板下层钢筋直径，mm。

（3）弯曲调整值：90°弯折的弯曲调整值为 $2d$，可以确定 4 个 90°弯曲调整值为 $8d$，d 为马凳筋直径。

（4）马凳筋下料长度可按式（3-2）计算。

$$L = L_1 + 2 \times L_2 + 2 \times L_3 - 8d \qquad （3-2）$$

式中：L——马凳筋下料长度，mm；

　　　L_1——马凳筋上平直段长度，mm；

　　　L_2——马凳筋高度，mm；

　　　L_3——马凳筋下平直段长度，mm；

　　　d——马凳筋直径，mm。

视频 3-1　马凳筋
加工操作演示

2）马凳筋加工及注意事项

（1）马凳筋加工流程

马凳筋加工分四步，具体加工流程如图 3-4 所示，马凳筋加工操作演示可通过扫描视频 3-1 二维码观看。

图 3-4　马凳筋加工流程图

（2）马凳筋加工注意事项

①加工准备。加工准备阶段主要工具如图 3-5 所示。

（a）手动弯曲机

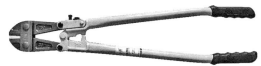
（b）钢筋剪断钳

（c）石笔

图 3-5　马凳筋加工工具

② 标记下料。根据马凳筋下料长度标记剪断点，标记下料时注意钢筋端头平整度，考虑剪断后切口宽度，下料长度宜比实际长度多 2～3mm；使用钢筋剪断钳剪断钢筋时，尽量保证垂直于钢筋纵方向，马凳筋标记下料操作要点如图 3-6 所示。

（a）钢筋标记

（b）钢筋剪断

（c）钢筋复核

图 3-6　马凳筋标记下料操作要点

③ 马凳筋弯曲时先弯中间两个弯折点，再弯两头，马凳筋弯曲操作要点如图 3-7 所示。

（a）中间弯头弯曲

（b）端头 1 弯曲

（c）端头 2 弯曲

图 3-7　马凳筋弯曲操作要点

④ 马凳筋加工完成后需复测马凳筋高度和端头角度，马凳筋复测操作要点如图 3-8 所示。

（a）复测高度　　　　　　　　　　　　（b）复测角度

图 3-8　马凳筋复测操作要点

【拓展知识】马凳筋下料计算前需要先根据板厚和板钢筋直径确定马凳筋的直径。具体可参考表 3-1 进行选用。

马凳筋的直径规格选取　　　　　　　　　　　表 3-1

板厚及受力筋	马凳筋直径（mm）
板厚 $h \leqslant 140$mm，且板受力筋和分布筋直径 $\leqslant 10$mm	8
140mm $<$ 板厚 $h \leqslant 200$mm，且板受力筋直径 $\leqslant 12$mm	10
200mm $<$ 板厚 $h \leqslant 300$mm	12
300mm $<$ 板厚 $h \leqslant 500$mm	14
500mm $<$ 板厚 $h \leqslant 700$mm	16
板厚 $h > 800$mm	最好采用钢筋支架或角钢支架

2. 架立筋下料计算与加工

架立钢筋是为满足梁钢筋构造或施工要求而设置的定位钢筋。其作用是把主要的受力钢筋（如主钢筋、箍筋等）固定在正确的位置上，并与主钢筋连成钢筋骨架，从而充分发挥各自的受力特性。

架立筋的传统做法如图 3-9 所示，由于传统做法较为复杂，需要进行钢筋的连接，为简化钢筋连接做法，降低连接的不利影响，同时降低人工费用，目前常规做法是通长钢筋兼作架立筋，如图 3-10 所示。

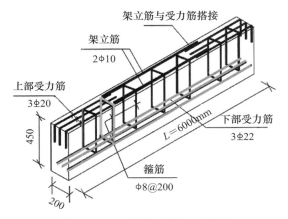

图 3-9 架立筋传统做法示意图

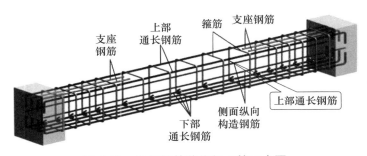

图 3-10 通长钢筋兼作架立筋示意图

1）架立钢筋下料计算

（1）传统做法——梁架立筋计算

根据《混凝土结构施工图平面整体表示方法制图规则和构造详图》22G101—1，楼层框架梁纵向架立筋下料计算示意图如图 3-11 所示，下料长度计算公式详见式（3-3）。

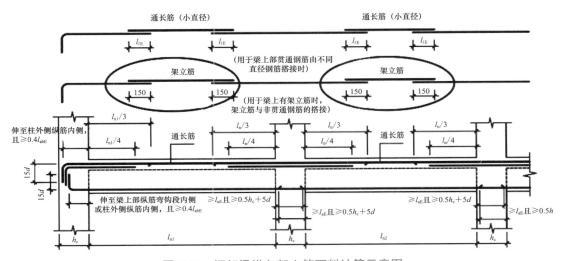

图 3-11 框架梁纵向架立筋下料计算示意图

$$L = l_n/3 + 300 \qquad (3\text{-}3)$$

式中：L——架立筋下料长度，mm；

     l_n——梁的净跨，mm。

（2）常规做法——架立筋计算

常规做法的架立筋下料计算同框架梁下料计算。根据《混凝土结构施工图平面整体表示方法制图规则和构造详图》22G101—1，以单跨框架梁，两端弯锚为例，锚固形式如图 3-11 所示，通长钢筋下料长度计算详见式（3-4），其余构造措施详见图集22G101—1。

$$L = l_n + 2 \times \max\{(h_c - c - d_1 - d_2),\ 0.4l_{abE}\} - 4d + 30d \qquad (3\text{-}4)$$

式中：L——架立筋下料长度，mm；

     l_n——梁的净跨，mm；

     h_c——柱截面尺寸，mm；

     c——柱保护层厚度，mm；

     d——架立筋直径，mm；

     d_1——柱箍筋直径，mm；

     d_2——柱纵向钢筋直径，mm；

     l_{abE}——抗震锚固长度，mm。

视频 3-2　架立筋
加工操作演示

2）架立钢筋加工和注意事项

（1）架立筋的加工流程

常规做法的架立筋加工流程如图 3-12 所示，传统做法则无需进行弯曲，架立筋加工操作演示可通过扫描视频 3-2 二维码观看。

加工准备　→　标记下料　→　弯曲　→　复核

图 3-12　常规做法的架立筋加工流程图

（2）架立筋加工注意事项

① 加工准备阶段主要设备如图 3-13 所示。

② 标记下料。根据架立筋下料长度标记剪断点，为控制下料精度，根据场地布置情况，尽量选择场地平整处测量标记。切割前要保证钢筋在无齿锯上已固定，切割过程中注意防护。无齿锯切割下料操作要点如图 3-14 所示。

③ 弯曲。由于架立筋长度较长，在弯曲过程中要控制两个弯头在同一平面上。钢筋弯曲机弯曲操作要点如图 3-15 所示。

（a）钢筋弯曲机

（b）无齿锯（又名型材切割机）

图 3-13　架立筋加工工具

（a）钢筋锁定

（b）无齿锯切割

图 3-14　无齿锯切割下料操作要点

（a）架立筋量取

（b）弯头弯曲

（c）弯头成型

图 3-15　钢筋弯曲机弯曲操作要点

【拓展知识】架立筋计算前应根据《混凝土结构设计标准》GB/T 50010—2010（2024 年版）第 9.2.6 条确定架立筋直径。

架立筋的梁的跨度 L 小于 4m 时，架立筋直径不小于 8mm；跨度 L 为 4~6m 时，架立筋直径不小于 10mm；跨度 L 大于 6m 时，架立钢筋直径不小于 12mm。

（二）钢筋直螺纹套丝保护帽的安装

钢筋直螺纹套丝保护帽是一种用于保护钢筋直螺纹的橡胶材质小型保护器。如图 3-16 所示。

内部有螺纹

数字表示螺纹直径

图 3-16　钢筋直螺纹套丝保护帽

钢筋直螺纹套丝保护帽的安装方法如下。

1. 选择合适的螺纹套丝保护帽

在安装螺纹套丝保护帽之前，我们需要选择合适的螺纹套丝保护帽。螺纹套丝保护帽的规格一般和螺纹的规格一致，因此需要选购与螺纹相匹配的保护帽，按图 3-16 保护帽上直径选取。

2. 清理、安装螺纹套丝保护帽

（1）在安装螺纹套丝保护帽之前需要先清洁螺纹。使用清洁剂或酒精擦拭螺纹表面，以确保螺纹表面干净无尘。

（2）将螺纹套丝保护帽插入螺纹钢筋上，用手或者扳手旋转保护帽，直到保护帽完全安装到位为止。需要注意的是不要用力过猛，以免损坏螺纹。

3. 检查安装效果

安装完成后，需要检查保护帽是否安装牢固，是否完全覆盖了螺纹，是否有松动和倾斜，如图 3-17 所示。如有发现问题，需要重新安装或更换保护帽。

图 3-17 钢筋直螺纹套丝保护帽安装

【拓展知识】常见问题及解决办法：

（1）螺母安装不牢固。这种情况可能是由于螺母规格不对或螺母本身质量不好造成。解决方法是重新选择合适的螺母进行安装。

（2）螺母松动。这可能是由于螺纹钢筋直径和螺母规格不匹配，或螺母材料选择不当造成。解决方法是更换合适的螺纹钢筋和螺母。

（3）螺母内螺纹损坏。这种情况可能是由于过度拧紧或者不当安装造成。解决方法是更换新的螺母。

第二节 钢筋现场施工

（一）梁柱箍筋的绑扎

1. 钢筋混凝土梁柱识图与构造基本知识

1）钢筋混凝土柱平法识图基础

钢筋混凝土框架结构柱平法施工图有两种注写方式，分别为列表注写方式和截面注写方式。本教材以目前乡村低矮自建房中较为常用的截面注写方式为例。

（1）框架柱截面注写方式

柱截面注写方式是在按标准层绘制的柱平面布置图的柱截面上，分别在同一编号的柱中选择一个截面，以直接注写截面尺寸和配筋具体数值的方式来表达柱平法施工图，如图 3-18 所示，表示柱标高范围是 -0.160m 至屋顶的柱定位和柱配筋，以框架柱 KZ-1 为例说明截面注写方式，如图 3-19 所示。

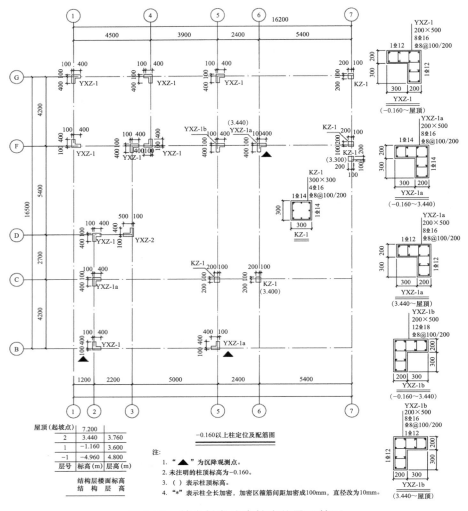

图 3-18　某乡村自建房柱定位及配筋图

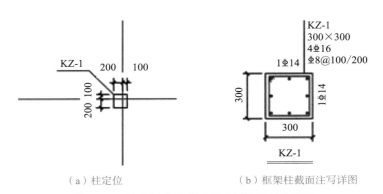

（a）柱定位　　　　　　（b）框架柱截面注写详图

图 3-19　某农村自建房框架柱截面注写详图

① 图 3-19（a）表示柱的定位。

② 图 3-19（b）中 KZ-1：表示框架柱的编号为 1。

③ 300×300：表示柱的截面尺寸为 300mm×300mm。

④ 4Φ16：表示柱角部为 4 根直径 16mm 的钢筋，钢筋强度级别为 HRB400。

⑤ 1Φ14：表示各边中部 1 根直径为 14mm 的钢筋，钢筋强度级别为 HRB400。

⑥ Φ8@100/200：表示箍筋的直径为 8mm，钢筋强度级别为 HRB400，箍筋加密区间距 100mm，非加密区间距 200mm。

（2）构造柱截面注写方式

农村自建房砌体结构中的构造柱也是采用截面注写方式，以 GZ-1 为例说明柱截面注写方式，如图 3-20 所示。

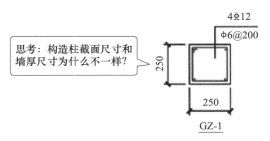

图 3-20 某农村自建房构造柱截面注写图例

① GZ-1：表示构造柱的编号为 1。

② 4Φ12：表示纵筋为 4 根直径 12mm 的钢筋，钢筋强度级别为 HRB400。

③ Φ6@200：表示箍筋直径为 6mm，间距为 200mm，钢筋强度级别为 HPB300。

【拓展知识】钢筋混凝土异形柱的截面注写表达方式，如图 3-21 所示。

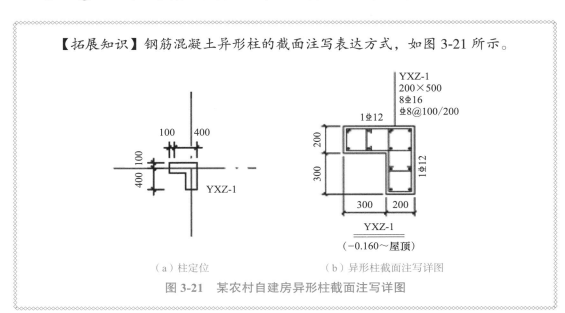

（a）柱定位 （b）异形柱截面注写详图

图 3-21 某农村自建房异形柱截面注写详图

① 图 3-21（a）表示柱的定位。

② 图 3-21（b）中 YXZ-1：表示异形框架柱的编号为 1。

③ 200×500：表示异形柱厚为 200mm，长为 500mm。

④ 8⊕16：表示柱角部为 8 根直径 16mm 的钢筋，钢筋强度级别为 HRB400。

⑤ 1⊕12：表示各边中部 1 根直径 12mm 的钢筋，钢筋强度级别为 HRB400。

⑥ ⊕8@100/200：表示箍筋的直径为 8mm，钢筋强度级别为 HRB400，箍筋加密区间距 100mm，非加密区间距 200mm。

2）钢筋混凝土柱钢筋构造基本知识

根据农村自建房特点，柱钢筋构造要求按类型分为框架柱钢筋的基本构造要求和构造柱钢筋的基本构造要求。

（1）框架柱钢筋基本构造要求

① 柱纵向钢筋构造要求

柱纵向钢筋的连接有三种类型，分为绑扎连接、机械连接和焊接连接，如图 3-22 所示。

（a）绑扎连接　　　　　　　　（b）机械连接　　　　　　　　（c）焊接连接

图 3-22　钢筋连接类型

框架柱纵向钢筋绑扎连接构造要求如图 3-23 所示，特别要注意，在非连接区不得进行纵筋的连接，在连接区段内相邻纵筋要进行交错连接。机械连接和焊接相关构造要求详见《混凝土结构施工图平面整体表示方法制图规则和构造详图》22G101—1 中 KZ 纵向钢筋连接构造。

② 框架柱箍筋构造要求

对有抗震要求的框架柱，根据要求在特定区段位置应进行箍筋加密，具体如图 3-24 所示。

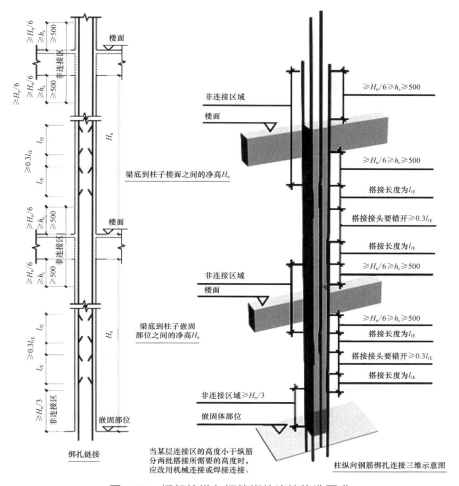

图 3-23　框架柱纵向钢筋绑扎连接构造要求

（2）构造柱钢筋基本构造要求

混凝土构造柱是在砌体房屋墙体的规定部位，按构造要求配筋，并按先砌墙后浇筑混凝土柱的施工顺序制成的混凝土柱。构造柱的布置位置如图 3-25 所示。

构造柱纵向钢筋锚固及连接区如图 3-26 和图 3-27 所示。

3）钢筋混凝土梁平法识图基础

钢筋混凝土框架梁平法施工图也有两种注写方式，分别为平面注写方式和截面注写方式，如图 3-28 所示。图中四个梁截面采用传统的截面表示方法绘制。实际采用平面注写方式表达时，不需要绘制梁截面配筋图及相应截面号。常规平面注写方式的梁施工图如图 3-29 所示。

（1）梁平面注写方式

梁平面注写方式是在梁平面布置图上，分别在不同编号中各选一根梁，在其上以注写截面尺寸和配筋具体数值的方式来表达梁平面施工图。

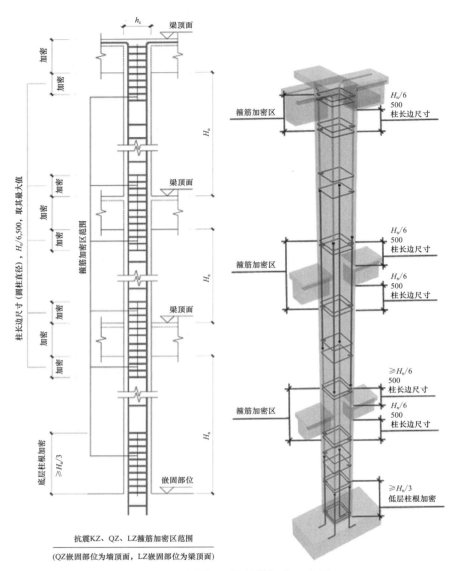

图 3-24　抗震框架柱箍筋加密区范围

图 3-25　构造柱的布置位置三维示意图

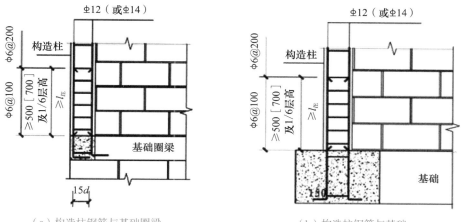

（a）构造柱钢筋与基础圈梁　　　　　　（b）构造柱钢筋与基础

图 3-26　构造柱纵向钢筋锚固及连接区（1）

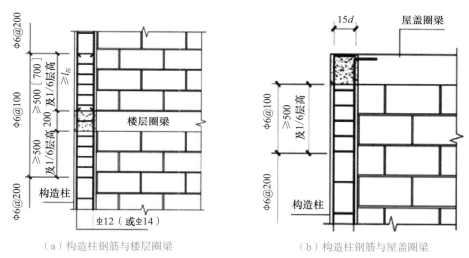

（a）构造柱钢筋与楼层圈梁　　　　　　（b）构造柱钢筋与屋盖圈梁

图 3-27　构造柱纵向钢筋锚固及连接区（2）

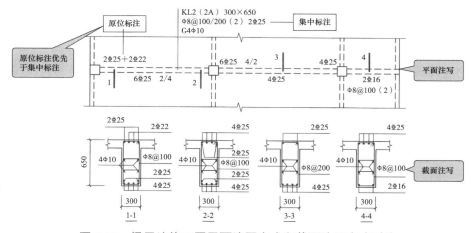

图 3-28　梁平法施工图平面注写方式和截面注写方式对比

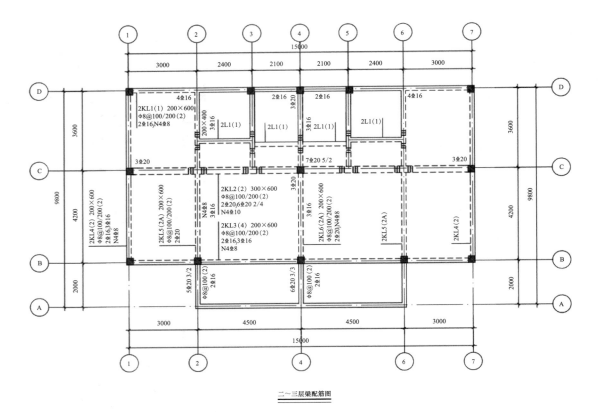

二～三层梁配筋图

说明：
1. 未注明定位尺寸的梁均居轴线中或与柱边平。
2. 未注明附加箍筋均为每侧附加三道，间距50mm。
   附加箍筋规格肢数同本梁箍筋，未注明的附加吊筋，均为2φ16。
3. 除另有说明外，梁跨度大于4m，悬挑长度大于2m，施工均按0.2%~0.3%向上反拱施工。
4. 未注明小梁2L1（1）尺寸均为200mm×300mm，配筋上下各2φ16，箍筋φ8@150。

图 3-29 某乡村自建房梁配筋图

梁平面注写包括集中标注与原位标注，如图 3-28 所示，集中标注表达梁的通用数值，原位标注表达梁的特殊数值。当集中标注中的某项数值不适用于梁的某部位时，则将该项数值原位标注，施工时原位标注取值优先。

以框架梁 KL2（2A）为例说明集中标注表达方式，如图 3-30 所示。

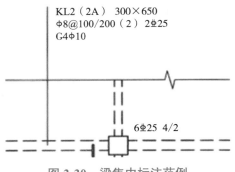

图 3-30 梁集中标注范例

KL2（2A）：表示框架梁编号，常见柱编号详见表 3-2 所示，2A 表示 2 跨，A 表示一端悬挑（若是"B"，则代表是两端悬挑）。

常用梁编号　　　　　　　　　　　　　　　表 3-2

梁类型	代号	序号	跨数及是否带有悬挑
楼层框架梁	KL	xx	（xx）、（xxA）或（xxB）
屋面框架梁	WKL	xx	（xx）、（xxA）或（xxB）
框支梁	KZL	xx	（xx）、（xxA）或（xxB）
非框架梁	L	xx	（xx）、（xxA）或（xxB）
悬挑梁	XL	xx	（xx）、（xxA）或（xxB）

300×650：表示梁截面尺寸为宽 300mm，高 650mm。

Φ8@100/200（2）：表示箍筋直径为 8mm，钢筋强度级别为 HPB300，箍筋加密区间距为 100mm，非加密区间距为 200mm，括号中 2 表示 2 支箍。

2Φ25：表示梁上部通长钢筋为 2 根直径 25mm 的钢筋，钢筋强度级别为 HRB400。

G4Φ10：表示构造腰筋为 4 根直径 10mm 的钢筋，钢筋强度级别为 HPB300。

以框架梁 KL2（2A）为例说明原位标注表达方式，如图 3-31 所示。

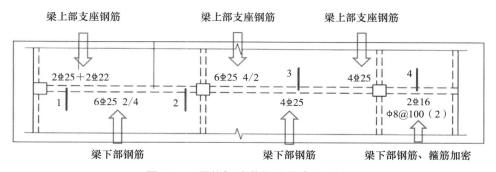

图 3-31　原位标注范例及其表示方式

2Φ25 ＋ 2Φ22：表示梁上部支座钢筋为附加 2 根直径为 22mm 的钢筋。

6Φ25 2/4：表示梁下部通长钢筋分两排布置，第一排为 4 根直径 25mm 的钢筋，第二排为 2 根直径 25mm 的钢筋，其余钢筋表达意义就不再赘述。

（2）梁截面注写方式

梁截面注写方式是标准层绘制的梁平面布置图上，分别在不同编号的梁中各选择一根梁用剖面号引出配筋图，并在其上注写截面尺寸和配筋具体数值的方式来表达梁平法施工图。图 3-32 和图 3-33 的框架梁和圈梁图例说明了梁截面注写方式所表达的内容。图中钢筋直径的单位统一为毫米（mm）。

圈梁部分表示只说明钢筋名称，钢筋表示意义就不再赘述。

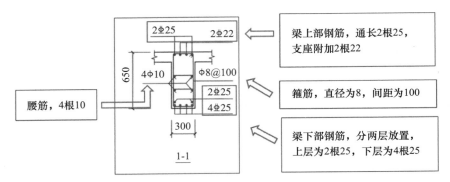

图 3-32　框架梁截面标注范例及其表示方式

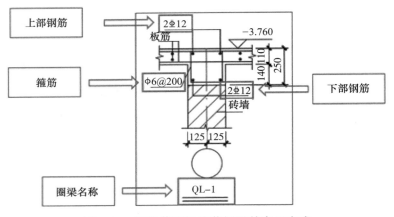

图 3-33　圈梁截面标注范例及其表示方式

4）梁钢筋构造基本知识

（1）框架梁纵向钢筋构造要求如图 3-34 和图 3-35 所示。

（2）框架梁箍筋加密区构造要求如图 3-36 所示。

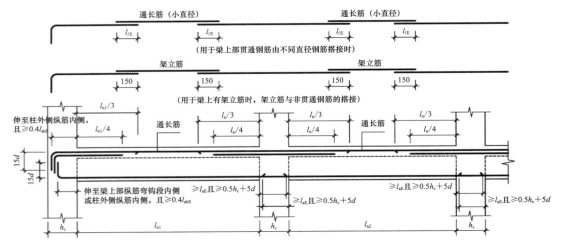

图 3-34　楼层框架梁 KL 纵向钢筋构造

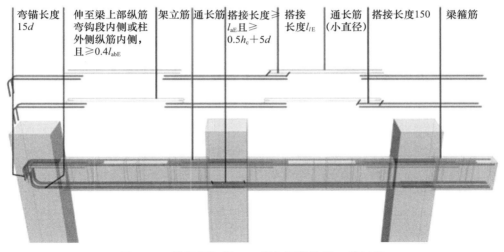

图 3-35　楼层框架梁 KL 纵向钢筋构造三维示意

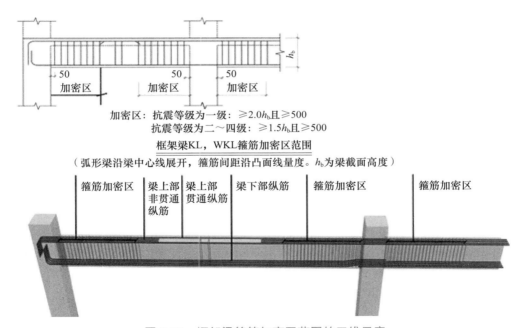

图 3-36　框架梁箍筋加密区范围的三维示意

（3）圈梁钢筋构造要求

圈梁设置：在房屋的檐口、窗顶、楼层、吊车梁顶或基础顶面标高处，沿砌体墙水平方向设置封闭状的按构造配筋的混凝土梁式构件，圈梁的布置位置如图 3-25 所示。

圈梁作用：加强房屋的整体刚度和稳定性；减轻地基不均匀沉降对房屋的破坏；抵抗地震作用的影响。

圈梁与构造柱的连接节点如图 3-37 和图 3-38 所示。

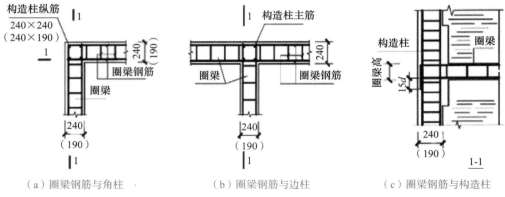

（a）圈梁钢筋与角柱　　　　　　（b）圈梁钢筋与边柱　　　　　　（c）圈梁钢筋与构造柱

图 3-37　圈梁与角柱和边柱（构造柱）的连接要求

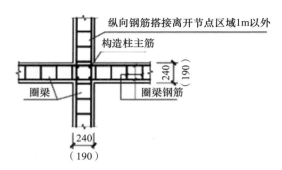

图 3-38　圈梁与中柱（构造柱）的连接要求

2. 梁柱箍筋绑扎方法和操作要点

梁柱箍筋绑扎能将梁柱内部各类型的钢筋形成骨架钢筋，从而起到固定效果。钢筋绑扎的操作方法，因各地工匠的操作习惯不同而有所不同。绑扎形式的选择，应遵循操作简单、绑扎牢固、骨架不变形的原则。钢筋绑扎方法见表 3-3，其各自适用范围简介如下。

钢筋绑扎方法及适用范围　　　　　　　　　　　表 3-3

序号	绑扎名称	绑扎方法		
1	一面顺扣			
2	十字花扣			

序号	绑扎名称	绑扎方法		
3	反十字花扣			
4	兜扣			
5	缠扣			
6	反十字缠扣			
7	套扣			

（1）一面顺扣。这种方法最为常用。绑扎时先将扎丝扣穿套钢筋交叉点，接着用钢筋钩钩住扎丝弯成圆圈的一端，旋转钢筋钩，一般 1.5～2.5 转即可。扣要短，才能少转快扎。这种方法操作简单方便、绑扎效率高，适应钢筋网、架各个部位的绑扎，扎点也比较牢靠。

（2）十字花扣和反十字花扣。其用于要求比较牢固结实的地方。

（3）兜扣。其可用于平面，也可用于纵筋和钢筋弯曲交接处，如梁的箍筋转角与纵向钢筋的连接处。

（4）缠扣。为防止钢筋滑动或脱落，可在扎结时加缠，缠绕方向根据钢筋可能移动的情况确定，缠绕一次或两次均可。缠扣可结合十字花扣、反十字缠扣、兜扣等实现。

（5）套扣。为了利用废料，绑扎用的扎丝也有用废钢丝绳烧软破出股丝代替的，这种股丝较粗，可预先弯折，绑扎时往钢筋交叉点插套即可，操作方便。

这些绑扎方法主要根据绑扎部位的实际情况进行选用，灵活变通。

1）柱箍筋绑扎的方法

（1）绑扎顺序：根据柱纵筋箍筋标记点由上往下绑扎。

（2）绑扎方法：宜采用缠扣绑扎，具体绑扎详细步骤详见图 3-39，柱箍筋缠扣绑扎操作演示可通过扫描视频 3-3 二维码观看。

（a）步骤一　　（b）步骤二　　（c）步骤三　　（d）步骤四

图 3-39　柱箍筋缠扣绑扎流程图

2）梁箍筋绑扎方法

（1）绑扎顺序和绑扎手法：以模内绑扎为例，按照梁侧模箍筋标记点先绑架立筋，再绑主筋。

（2）主筋和箍筋绑扎宜采用反十字花扣，具体绑扎详细步骤详见图 3-40，梁箍筋反十字花扣绑扎操作演示可通过扫描视频 3-4 二维码观看。

（a）步骤一　　（b）步骤二　　（c）步骤三　　（d）步骤四

图 3-40　梁箍筋反十字花扣绑扎流程图

视频 3-3　柱箍筋缠扣
绑扎操作演示

视频 3-4　梁箍筋反十字
花扣绑扎操作演示

思考：如何有效
保证主筋和箍筋
角部的无缝隙？

3）梁、柱箍筋绑扎操作要点

（1）确保梁、柱箍筋转角与纵筋交叉点绑扎牢固，确保箍筋与主筋无松动或缝隙，扎钩至少旋转 1.5 圈及以上，如图 3-41 所示。

扎丝扣

图 3-41　扎丝绑扎示意图

（2）梁、柱箍筋与主筋要垂直，箍筋转角处与主筋交点均要绑扎。

（3）梁、柱主筋与箍筋非转角部分的相交点处不应成梅花交错绑扎。

（4）梁、柱箍筋保证扎丝不外露，如图 3-42 所示。

（5）梁、柱箍筋设置位置要严格按照标记点绑扎。

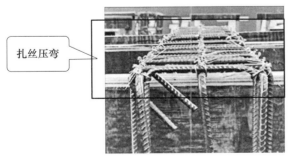

扎丝压弯

扎丝未压弯

（a）扎丝压弯　　　　　　　　（b）扎丝未压弯

图 3-42　扎丝压弯处理对比示意图

（二）梁拉结筋的绑扎

1. 梁拉结筋绑扎方法及操作要点

梁拉结筋是绑扎在梁构造筋或受扭筋上，拉结筋能提高梁钢筋骨架的稳定性。拉结筋弯钩角度为135°，弯钩平直段长度同梁箍筋。为方便拉结筋的摆放，施工现场常采用一端弯钩为135°、另一端弯钩为90°，如图3-43所示。

（a）拉结筋形式一　　　　　（b）拉结筋形式二

图3-43　梁拉结筋示意图

1）梁拉结筋设置要求

当梁宽≤350mm时，拉结筋直径为6mm；梁宽＞350mm时，拉结筋直径为8mm。拉结筋间距为非加密区箍筋间距的2倍。当设有多排拉结筋时，上下两排拉结筋竖向错开设置。

2）梁拉结筋绑扎方式

（1）梁拉结筋绑扎顺序：梁拉结筋在梁比较高的情况下，要在模板没有被封之前就将拉钩提前绑扎好。

（2）梁拉结筋绑扎方式：宜采用单面顺扣方式，具体绑扎详细步骤详见图3-44，梁拉结筋单面顺扣操作演示可通过扫描视频3-5二维码观看。

（a）步骤一　　　　　　（b）步骤二　　　　　　（c）步骤三

图3-44　梁拉结筋单面顺扣绑扎流程图

（三）梁板架立筋的绑扎

1. 梁架立筋绑扎方法和操作要点

（1）绑扎顺序：先绑架立筋，再绑主筋。

（2）临时固定：隔一定间距将架立筋与箍筋绑扎牢固。

（3）调整间距：调整箍筋间距，使间距符合设计要求。

（4）绑扎方法：宜采用套扣绑扎，具体绑扎详细步骤详见图 3-45，梁架立筋套扣操作演示可通过扫描视频 3-6 二维码观看。

（a）步骤一　　　　　　　（b）步骤二　　　　　　　（c）步骤三

图 3-45　梁架立筋套扣法绑扎示意图

视频 3-5　梁拉结筋　　　视频 3-6　梁架立筋
单面顺扣操作演示　　　　套扣操作演示

2. 板架立筋绑扎方法和操作要点

（1）绑扎顺序：先绑受力筋，再绑架立筋。

（2）绑扎方式：宜采用单面顺扣，局部采用兜扣，具体绑扎详细步骤详见图 3-46，顺扣绑扎操作演示可通过扫描视频 3-7 二维码观看。

（a）步骤一　　　　（b）步骤二　　　　（c）步骤三　　　　（d）步骤四

图 3-46　顺扣法绑扎示意图

（四）钢筋保护层

1. 钢筋保护层的定义、作用和要求

1）钢筋保护层的定义、作用

钢筋保护层定义：钢筋保护层是指钢筋混凝土构件中起到保护钢筋，避免钢筋直接裸露的那一部分混凝土，如图 3-47 所示。

视频 3-7　顺扣绑扎
操作演示

图 3-47　钢筋保护层示意图

钢筋保护层作用：保护钢筋不受外界环境的影响，提高结构的耐久性，并确保钢筋与混凝土的粘结力。

2）钢筋保护层的要求

钢筋的保护层厚度应按照混凝土结构的使用环境来确定，不同环境下的保护层厚度要求会有所不同。钢筋保护层厚度应按设计图纸要求设置，根据《混凝土结构施工图平面整体表示方法制图规则和构造详图》22G101—1，混凝土保护层的最小厚度要求如表 3-4 所示。

混凝土保护层的最小厚度（单位：mm）　　　　　　　　　　表 3-4

环境类别	板、墙	梁、柱
一	15	20
二 a	20	25
二 b	25	35
三 a	30	40
三 b	40	50

2. 常见钢筋保护层垫块的安装方法

钢筋保护层垫块按材料可以分为塑料垫块和预制水泥垫块，如图 3-48 所示。

1）钢筋保护层垫块设置一般要求

（1）墙、柱钢筋垫块离地、边角 200mm 开始设置，上下间距为 1000mm。

（2）墙体钢筋绑扎完成后，设置保护层垫块；保护层垫块固定在钢筋上，间距不超过 1000mm。

（3）梁底两侧设置垫块，间距不超过 1000mm。

（4）现浇板底层钢筋铺设绑扎完成后，交叉点下部放置混凝土垫块，间距不大于 1000mm。

（a）塑料钢筋保护层垫块　　　　　　　（b）预制水泥钢筋保护层垫块

图 3-48　钢筋保护层垫块

> 思考：梁柱保护层垫块设置在箍筋上还是主筋上？

2）钢筋保护层垫块安装方法

（1）根据设计图纸和相关规范的要求确定钢筋保护层垫块类型。

（2）根据要求在相应位置设置保护层垫块。

（3）绑扎钢筋时，将钢筋放置在垫块上，并根据要求将垫块与钢筋绑扎牢固，以确保垫块不会移位或脱落。

（4）在浇筑混凝土前，应检查钢筋保护层垫块的位置、数量和牢固程度，确保其能够满足设计要求，如图 3-49 所示。

（a）塑料钢筋保护层垫块现场设置　　　　　（b）预制水泥钢筋保护层垫块设置

图 3-49　钢筋保护层垫块设置示意图

（五）钢筋表面除锈

【小贴士】钢筋铁锈锈蚀的程度可以分为三种：

（1）浮锈（轻锈、水锈）。钢筋表面附着较均匀的细粉末，黄褐色或淡红色，用粗布或棕刷可擦掉。

（2）陈锈（中锈）。钢筋表面附着粉末较粗，呈红褐色（或淡赭色），用硬棕刷或钢丝刷可以除去。

（3）老锈（重锈）。钢筋表面锈斑明显，有麻坑，出现起层的片状分离现象，锈斑几乎遍及整根钢筋表面，颜色呈暗褐色（或红黄色），用硬钢刷或钢丝刷可以除去。

钢筋表面除锈是一项重要的工程处理措施，它可以有效地延长钢筋的使用寿命，提高钢筋的耐久性。常用的除锈主要有人工除锈、机械除锈、化学除锈和喷射除锈。

1. 机械除锈方法和操作要点

机械除锈方法：除钢筋除锈机除锈外，可用小功率电动机带动圆盘钢丝刷，通过圆盘钢丝刷高速转动清除钢筋除锈。这种方法工效高，也能获得良好的除锈效果。

适用范围：机械除锈对于较浅的锈蚀比较有效，但对于深层锈蚀则效果不佳。

注意事项：需要注意刷头的选择和施工技巧，以避免对钢筋造成二次损伤。

2. 化学除锈方法和操作要点

化学除锈方法：常用的化学方法是酸洗。酸洗是指将稀酸溶液喷洒在钢筋表面，通过酸的腐蚀作用去除表面的锈蚀物。

适用范围：这种方法适用于各种类型的锈蚀，特别是对于深层锈蚀有较好的效果。

注意事项：在进行酸洗时，要选择适当的酸液浓度和洗涤时间，以免对钢筋造成过度腐蚀。

3. 喷射除锈方法和操作要点

喷射除锈方法：利用高速喷射的磨料将钢筋表面的锈蚀物冲刷掉。

适用范围：喷射除锈可快速、彻底地清除钢筋表面的锈蚀，同时还可以改善钢筋表面的粗糙度，提高涂层附着力。

注意事项：使用喷射清理方法时，需要注意保护工匠的安全，避免磨料对周围环境造成污染。

【拓展知识】人工除锈的操作工艺：

（1）钢丝刷除锈：用钢丝刷在钢筋表面来回地刷动。

（2）沙盘除锈：用沙盘中的沙子摩擦钢筋表面，以达到除锈的目的。

第四章 钢筋工程质量验收

第一节 钢筋工程质量检查

（一）箍筋、拉结筋、架立筋间距的检查

1. 箍筋、拉结筋和架立筋间距检查方法

箍筋、拉结筋和架立筋的间距允许偏差和检验方法应符合表4-1的规定。

检查数量：在同一检验批内，对梁、柱和独立基础，应抽查构件数量的10%，且不应少于3件；对墙和板，应按有代表性的自然间抽查10%，且不应少于3间；对大空间结构，墙可按相邻轴线间高度5m左右划分检查面，板可按纵、横轴线划分检查面，抽查10%，且均不应少于3面。

检查操作要点如图4-1所示，箍筋、架立筋间距测量操作演示可通过扫描视频4-1二维码观看。

> 思考：如何计算纵向钢筋间距？

钢筋安装允许偏差和检验方法（单位：mm）　　　　　　　　表 4-1

项目		允许偏差	检验方法
纵向受力钢筋	间距	±10	尺量两端、中间各一点，取最大偏差值
	排距	±5	
绑扎箍筋、横向钢筋间距		±20	尺量连续三档，取最大偏差值

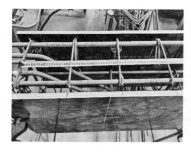

（a）箍筋间距

（b）箍筋间距

（c）架立筋间距

图 4-1　箍筋、架立筋间距检查

2. 箍筋、拉结筋和架立筋间距过大的原因

1）箍筋间距问题过大的原因

(1) 识图问题：未能按结构施工图正确地识读图，未区分起步箍筋和分界箍筋，导致加密区和非加密区箍筋间距过大。

视频 4-1 箍筋、架立筋间距测量操作演示

(2) 标点问题：没有按照结构施工图要求标点。

(3) 绑扎问题：箍筋未能与纵向钢筋垂直，导致箍筋间距有大小边的情况。

(4) 搬运问题：模外梁钢筋绑扎后入模对钢筋骨架产生扰动，导致箍筋间距变化。

2）拉结筋和架立筋间距过大的问题

(1) 构造措施：对图集中构造要求理解有误，导致间距过大。

(2) 放置问题：绑扎放置位置有误。

（二）钢筋保护层厚度的检查

对钢筋保护层厚度的检查主要是检查垫块的厚度和摆放位置，保证混凝土浇筑时能对钢筋有足够的保护层厚度。

钢筋保护层厚度允许偏差和检验方法应符合表 4-2 的规定，受力钢筋保护层厚度的合格点率应达到 90% 及以上，且不得有超过表 4-2 中数值 1.5 倍的尺寸偏差。

检查数量：同箍筋、拉结筋和架立筋的间距检查方法。

钢筋安装允许偏差和检验方法（单位：mm） 表 4-2

项目		允许偏差	检验方法
纵向受力钢筋、箍筋的混凝土保护层厚度	基础	±10	尺量
	柱、梁	±5	尺量
	板、墙、壳	±3	尺量

（三）钢筋表面除锈质量的检查

(1) 目视检查：通过裸眼观察，检查钢筋表面是否有明显的锈蚀迹象，如锈斑、锈层等。这是最简单的检测方法，但只适用于表面锈蚀较为明显的情况。

(2) 手动探伤：使用金属敲击器或锤子轻敲钢筋表面，观察敲击声音和反弹情况。如果出现沉闷的声音或反弹不良，则表示钢筋可能存在锈蚀。

(3) 超声波检测：利用超声波技术检测钢筋的内部状态。超声波在正常钢筋上的

传播速度与在锈蚀钢筋上的传播速度不同，通过测量传播时间和幅度变化，可以确定锈蚀程度。

（4）磁性粉末检测：将磁性粉末涂覆在钢筋表面，通过磁场引起的吸附效应，可以观察到钢筋表面的破损和锈蚀部位。这种方法适用于表面锈蚀程度较轻情况。

第二节　钢筋工程质量问题处理

（一）箍筋、拉结筋、架立筋间距过大问题的处理

1. 箍筋、拉结筋和架立筋间距过大的整改措施

（1）一旦发现箍筋间距过大，需要找出问题出现的原因。比如箍筋的尺寸不对，形状不符合要求，或在施工过程中出现了偏差。

（2）根据问题出现的原因，采取相应的整改措施。比如调整箍筋的尺寸或形状，或对施工过程进行更严格的控制。

（3）对整改后的箍筋进行检查，确保间距符合设计和规范要求。

（4）如果整改后仍有问题，需要进一步分析原因并采取相应的整改措施。

2. 箍筋、拉结筋和架立筋间距过大的整改注意事项

1）遵守相关规范和标准

在检查和整改箍筋间距的过程中，应遵守相关规范和标准，如《混凝土结构工程施工质量验收规范》GB 50204—2015 等。

2）工具和设备的正确使用

使用测量工具或设备时，应确保其精度和正确使用方法，以免影响检查结果的准确性。

3）记录和报告

对检查和整改过程应做好记录，并编写相应的报告。记录应包括检查的时间、地点、使用的工具和设备、检查结果、原因分析、整改措施等内容。报告应提交给相关部门或人员，以便对问题进行跟踪和监督。

4）安全措施

在检查和整改过程中，应注意安全。例如，应避免在钢筋上站立或行走，以免发

生意外。此外，应确保整改措施不会对其他结构或设备造成影响。

5）沟通与协调

在检查和整改过程中，应注意与相关人员保持良好的沟通与协调。

（二）钢筋保护层厚度不足、钢筋除锈不彻底的处理

1. 钢筋保护层厚度不足的整改措施

（1）一旦发现垫块设置不合理，需要找出问题出现的原因。比如垫块厚度不足、垫块厚度过厚、垫块未放置好、垫块强度不足或脆裂、忘记放置垫块等。

（2）根据问题出现的原因，采取相应的整改措施。若保护层厚度不足，可增加垫块厚度；若是垫块不够造成钢筋下弯，应增加垫块数量。或根据实际情况，更换垫块，调整垫块位置。

（3）对整改后的保护层进行检查，确保满足设计和规范要求。

（4）如果整改后仍有问题，需要进一步分析原因并采取相应的整改措施。

2. 钢筋保护层厚度不足的整改注意事项

（1）为确保保护层的厚度，钢筋骨架要垫砂浆垫块或塑料定位卡，其厚度应根据设计要求的保护层厚度来确定。

（2）骨架内钢筋与钢筋之间间距为 25mm 时，宜用直径为 25mm 的钢筋控制，其长度同骨架宽度。所用垫块与 25mm 的钢筋头之间的距离宜为 1m，不超过 2m。

（3）对于双向双层板钢筋，为确保钢筋位置准确，要垫以铁马凳，间距 1m。

3. 钢筋除锈不彻底的整改措施

1）更换除锈设备或调整除锈工艺

（1）如果使用钢筋除锈机进行除锈，可能是由于钢丝刷轮严重磨损、钢丝刷轮不对称、材料不在轴孔中心或回转架传动皮带松弛等导致除锈不彻底。此时，可以更换钢丝刷轮，调节钢丝刷轮架，使钢刷围绕孔径小于原料直径 5～8mm，并使两轮对称。

（2）针对材料不在轴孔中心的问题，可以调节进料轮高低，使原料处在轴孔中心。

（3）针对回转架传动皮带松弛的问题，可以调节回转架皮带。

2）增加除锈时间

如果除锈时间过短，就可能导致除锈不彻底。此时，可以增加除锈时间，使钢筋表面充分与除锈剂接触，提高除锈效果。

3）使用手动工具除锈

如果自动除锈设备无法彻底除锈，可以使用手动工具进行除锈。例如，使用钢丝刷、砂纸、砂轮等工具对钢筋表面进行打磨和清理，去除表面的锈迹和杂质。

4. 钢筋除锈不彻底的整改注意事项

（1）在进行除锈操作时，需要穿戴防护用品，如手套、口罩、眼镜等，以避免对皮肤和呼吸系统造成伤害。

（2）在使用化学除锈剂时，需要选择合适的除锈剂并按照说明书进行操作，避免对钢筋本身产生影响。

（3）在进行喷砂除锈时，需要注意环境保护，避免对空气和水源造成污染。

（4）在进行任何除锈操作前，需要对钢筋表面进行检查和处理，去除表面的油渍、漆污、鳞锈等杂质。

（5）在完成整改后，需要进行质量检查和验收，确保整改效果符合要求。

钢筋工（初级）

钢筋工（中级）

钢筋工（高级）

第五章 施工准备

第一节 作业条件准备

（一）安全防护棚的搭设

在建筑施工中常搭设安全防护棚来保护施工人员和设备免受外界环境的影响。

1. 搭设前的准备

（1）搭设防护棚所用的材料有钢管、扣件、竹笆片及绿色密目式安全网、模板等，如图5-1所示。钢管质量应符合现行国家标准《直缝电焊钢管》GB/T 13793—2016规定，直径48.3mm，壁厚3.6mm，杆长2300~6500mm，扣件采用可锻铸铁扣件，其材质符合现行国家标准《钢管脚手架扣件》GB/T 15831—2023的要求。

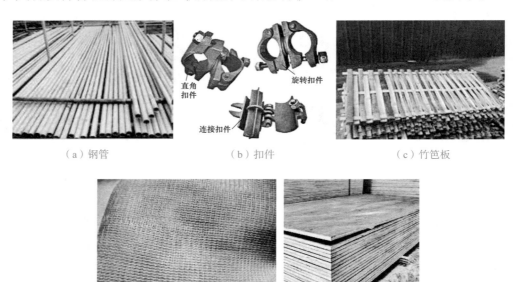

（a）钢管 （b）扣件 （c）竹笆板

（d）密目式安全网 （e）模板

图5-1 搭设防护棚所用材料

（2）乡村建设工匠应将防护棚搭设的技术要求、安全措施向其他搭设人员进行技术交底。

（3）按要求对钢管、扣件、竹笆片、密目式安全网等进行检查，不合格的构配件不得使用，经检查合格的构配件应按品种、规格分类，堆放整齐。

（4）搭设现场清除地面杂物，平整搭设场地，硬化地坪，设立警戒标志。

2. 安全防护棚的搭设

安全防护棚的搭设高度不应小于 3m，搭设宽度和长度应根据施工场地状况和需求确定。常采用钢管扣件式防护棚，上盖竹笆或木质板，一般采用双层设计，两层间距 700mm；当选择单层搭设时，必须上盖木质板，厚度应不少于 50mm。防护棚的长度和宽度需根据建筑高度和可能的坠落半径来决定，以确保全方位的保护。某工程安全防护棚的搭设构造如图 5-2 所示。

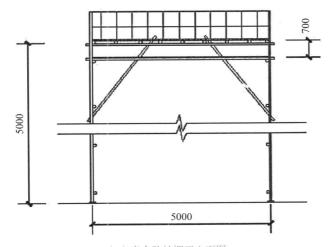

（a）安全防护棚正立面图

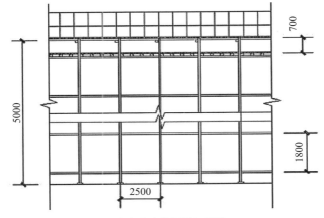

（b）安全防护棚侧立面图

图 5-2　安全防护棚正、侧立面图

1）防护棚的基础

（1）防护棚基础采用 C25 细石混凝土，厚度为 100mm，立杆置于混凝土面层上。

（2）防护棚基础四周设置排水沟，尺寸为 300mm×300mm。

2）立杆的搭设

（1）立杆应准确地放在定位线上。步距、纵距等应按立面图 5-2（a）、图 5-2（b）布置。

（2）防护棚立杆底脚必须设置纵向扫地杆。纵向扫地杆采用直角扣件固定在距底座上皮不大于 200mm 处的立杆上。

（3）开始搭立杆时，应每隔 6～9m 设置一根临时抛撑，在搭设完该处的立杆、纵向水平杆、横向水平杆后，可根据情况拆除。

（4）相邻立杆的对接扣件不得在同一高度内，错开布置，错开的距离不得小于 500mm。各接头中心至主节点的距离不得大于步距的 1/3。

（5）立杆顶端宜高出防护棚顶层，必要时可采用搭接接长立杆。

3）纵向水平杆的搭设

（1）纵向水平杆设置在立杆内侧，其长度不宜小于 2 跨，间距为 2.5m。

（2）纵向水平杆接长采用对接扣件连接，对接扣件应交错布置，两根相邻纵向水平杆的接头不得在同步或在同跨内，不同步或不同跨两个相邻接头在水平面错开的距离不应小于 500mm，各接头中心至最近主节点的距离不宜大于纵距的 1/3。

（3）纵向水平杆应贯通交圈，用直角扣件与内外角部立杆固定。

4）纵向斜撑的搭设

沿防护棚外侧纵向方向每隔 6m 设一道纵向斜撑，与地面成 45°～60°。斜撑杆接长采用两只旋转扣件，搭接接长，两扣件之间有效搭接长度不小于 1m（交叉接头不宜在立杆处）。扣件盖板边缘至杆端距离不得小于 100mm。斜撑杆件与立杆相交处用旋转扣件连接。

5）防护棚顶临边围挡的搭设

防护棚顶面的两侧边缘设防护栏板，围挡栏板高不小于 900mm。外立面满挂绿色密目式安全网，内侧为竹笆，16 号钢丝固定。

6）防护隔离板的搭设

防护隔离为竹笆或木质板，在上下层搁栅杆杆面上分别各铺一层，双层棚顶间距一般为 700mm。

7）防护棚的防雷接地

防护棚应有防雷接地措施，常采用单独埋设接地防雷法。具体方法为在防护棚角部处将 $\phi48$、$3 \times 3.6mm$、$L = 1500mm$ 的钢管埋入地下，再用 BV-10mm^2 接地线引出与防护棚连接，接地电阻应小于 4Ω。

3. 安全防护棚的拆除

（1）拆除前，应对防护棚整体进行检查，如防护棚存在严重安全隐患或损坏，应立即进行整改和加固，以保证防护棚在拆除过程中不发生坍塌危险。

（2）对参与防护棚拆除的工匠进行交底，交底内容应包括拆除时间、拆除顺序、拆除方法、拆除的安全措施和警戒区域。

（3）拆除现场必须设警戒区域，张挂醒目的警戒标志。警戒区域内严禁非操作人员通行或在防护棚下方继续组织施工。

（4）拆除防护棚应由上而下，一步一清地进行拆除。纵向斜撑的拆除，应先拆中间扣件，再拆两端扣件。

（5）如遇强风、雨、雪等特殊气候，不得进行防护棚的拆除。夜间实施拆除作业，应具备良好的照明设备。

4. 安全防护棚搭设方案的编写

安全防护棚搭设方案的内容包括：

（1）工程概况，主要编写工程建设概况，如工程名称、建设地点、安全防护棚的分部情况等。

（2）编制依据，主要编写所依据的现行规范标准等，如《建筑施工扣件式钢管脚手架安全技术规范》JGJ 130—2011、《建筑施工高处作业安全技术规范》JGJ 80—2016、《建筑施工安全检查标准》JGJ 59—2011 等。

（3）搭设的技术要求，主要编写对搭设中的材料、地基基础、杆件等构造要求。

（4）搭设工艺，主要编写搭设施工工艺和要点。

（5）搭设质量控制，主要编写防护棚步距、纵距的质量检查，搭设杆件的垂直偏差等要求。

（6）护棚搭设施工安全措施。

（7）防护棚拆除安全注意事项。

（二）钢管扣件或木竹外脚手架的搭设

为了保证各施工过程顺利进行，需要搭设外脚手架作为施工人员操作平台，并起到安全防护的作用。

1. 钢管扣件脚手架的搭设

钢管采用外径为 48mm、壁厚 3.6mm 的 3 号钢焊接钢管，如图 5-3 所示。钢管应有产品质量合格证和检验报告。

图 5-3　脚手架钢管及其壁厚

钢管和扣件进场都应进行质量检验，锈蚀严重的必须更换，不得用于搭设架体，如图 5-4 所示。

图 5-4　脚手架钢管、扣件锈蚀

搭设脚手架时必须加设底座或基础，并做好地基的处理。如图 5-5 所示，落地式钢管脚手架底部应设置垫板和纵向、横向扫地杆，垫板铺设必须平稳，不得悬空，安放底座时应拉线和拉尺，按规定间距尺寸摆放后加以固定。立杆基础不在同一高度时，应将高处的纵向扫地杆向低处延长两跨，如图 5-6 所示。

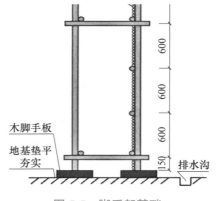
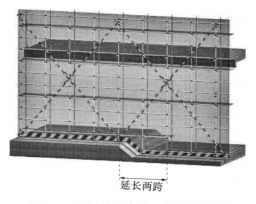

图 5-5　脚手架基础　　　　　图 5-6　立杆基础高度不同时的处理

钢管杆件包括立杆、大横杆、小横杆、剪刀撑、斜杆和抛撑（在脚手架立面之外设置的斜撑）。剪刀撑设置在脚手架两端的双跨内和中间每隔 30m 净距的双跨内，仅在架子外侧与地面呈 45°布置，搭设时将一根斜杆扣在小横杆的伸出部分，同时随着墙体的砌筑，设置连墙杆与墙锚拉，扣件要拧紧，如图 5-7 所示。

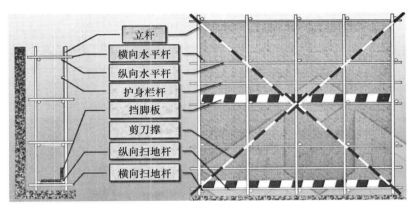

立杆
横向水平杆
纵向水平杆
护身栏杆
挡脚板
剪刀撑
纵向扫地杆
横向扫地杆

图 5-7 钢管杆件

钢管扣件脚手架的搭设，按脚手架的纵距、横距要求进行放线、定位，自建筑物角部一端起逐根竖立杆，放置纵向扫地杆，随即与立杆扣紧，装设横向扫地杆，并与立杆扣紧，竖起 3～4 根立杆后，再安装第一步大横杆，最后安装第一步小横杆，安装临时抛撑，如图 5-8、图 5-9 所示。

图 5-8 安装立杆　　　　　　　图 5-9 安装临时抛撑

2. 木竹脚手架的搭设

木脚手架是由许多纵、横向木杆，用铁丝绑扎而成，主要有立杆、大横杆、小横杆、斜撑、抛撑、十字撑等，如图 5-10 所示，现在木脚手架已很少使用。

竹脚手架选用生长期三年以上的毛竹或楠竹的竹材为主要杆件，采用竹篾、铁丝、塑料篾绑扎而成架，如图 5-11 所示。

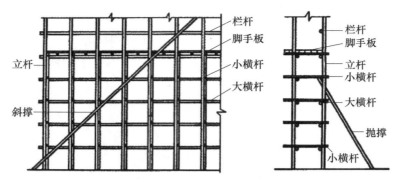

图 5-10　木脚手架构造图

图 5-11　竹脚手架构造图

1）搭设顺序

双排竹脚手架的搭设顺序如下：

确定立杆位置→挖立杆坑→竖立杆→绑大横杆→绑顶撑→绑小横杆→铺脚手板→绑栏杆→绑抛撑、斜撑、剪刀撑等→设置连墙点→搭设安全网。

2）搭设要点

（1）挖立杆坑。立杆坑深 300～500mm，坑口直径较杆的直径大 100mm，坑口的自然土尽量少破坏，以便将立杆正确就位，挤紧埋牢。

（2）竖立杆。操作方法与杉篙脚手架相同，先竖端头的立杆，再立中间立杆，依次竖立完毕。立杆如有弯曲，应将弯曲顺向纵向方向，既不能朝墙面也不能背向墙面。

（3）绑大横杆。大横杆绑扎在立杆的内侧，沿纵向水平布设，其接长以及接头位置的错开距离与杉篙脚手架相同。同一排大横杆的水平偏差不得大于脚手架总长度的1/300，并且不大于 200mm。

（4）绑小横杆。小横杆垂直于墙面，绑扎在立杆上。采用竹笆脚手板，小横杆应置于大横杆下；采用纵向支承的脚手板，小横杆位于大横杆之上。操作层的小横杆应加密，砌筑脚手架间距不大于 0.5m；装饰脚手架间距不大于 0.75m。

（5）绑抛撑、斜撑和剪刀撑。架子搭到三步架高，暂时不能设连墙点时，应每隔

5～7 根立杆设抛撑一道，抛撑底埋入土中应不少于 0.5m。

（6）设置连墙点。连墙点设置在立杆与横杆交点附近，呈梅花状交替排列，将脚手架与结构连成整体。

（7）设置搁栅。搁栅应设在小横杆上，间距不大于 0.25m，搭接处的竹竿应头搭头，梢搭梢，搭接端应在小横杆上，伸出 200～300mm。

（8）设置脚手板、护栏和挡脚板。操作层的脚手板应满铺在搁栅、小横杆上，用铁丝与搁栅绑牢。搭接必须在小横杆处，脚手板伸出小横杆长度为 100～150mm，靠墙面一侧的脚手板离开墙面 120～150mm。

（三）施工现场作业条件的清理准备

1. 基础阶段作业条件的清理准备

基础阶段施工现场作业条件基本情况如图 5-12 所示。现场作业条件的清理准备主要包括以下工作：

（1）检查施工区域内存在的各种障碍物，如建筑物、道路、管线、树木等，凡影响施工的均应拆除、清理或转移，并在施工前妥善处理，确保施工安全。

（2）施工机械进入施工现场所经过的道路、桥梁等，应事先做好检查和必要的加宽、加固工作。

（3）夜间施工时，应合理安排施工项目，落实安全文明施工措施。施工现场应根据需要安装照明设施，在危险地段应规范设置安全护栏和警示灯等。

（4）施工前先了解工程地质勘察资料、地形、地貌等情况，并制定相应的安全技术措施。

（5）基坑边 1.5m 范围内不要堆放材料、机具等，防止滑坡。基坑内施工人员要注意边坡的稳定情况，如发现问题应及时采取措施。

2. 主体阶段作业条件的清理准备

主体阶段施工现场作业条件基本情况如图 5-13 所示。现场作业条件的清理准备主要包括以下工作：

（1）施工人员要按照每天的作业计划准备设备和材料。

（2）设备和材料在现场一定要码放整齐，切忌横七竖八、乱堆乱放。

（3）工具和材料、废料不要放在影响施工或给他人带来危险的地方。

（4）现场使用的链条葫芦、千斤顶等工器具，不用时要挂放和摆放整齐。

（5）设备安装和材料加工要在指定的地点进行，废料要及时清理运走。

（6）木板上、墙面上凸出的钉子、螺栓要及时拔出和清理，以免给自己和他人带来危害。

（7）现场加工棚、工具室要保持整洁与卫生。

（8）工序交接的作业面，要进行彻底的清理，打扫干净，检验合格后方可进入下道工序施工。

（9）注意保护施工成品和施工设备，防止二次污染和设备损伤。

（10）作业面做到工完场清，整个现场做到一日一清、一日一净。

图 5-12　常见基础阶段施工现场　　　　图 5-13　常见主体阶段施工现场

3. 装修阶段作业条件的清理准备

（1）装修工程开始前，应对埋设水电管线的槽或洞进行填堵，并清理干净，对房屋进行全面清洁，包括清除灰尘、污垢和杂物等，确保施工环境干净整洁。

（2）装修过程中，应每天对施工现场进行清洁，包括清理垃圾、尘土等废弃物，在抹灰和涂刷涂料时，应采取措施保护地面，避免涂料、砂浆等物质溅到地面，若有溅出，应及时清理干净，避免干燥后难以清除。

（3）装修工程完成后，应清除施工现场残留的涂料、灰尘和杂物等，确保内部和外部的整洁。此外，应对施工现场的垃圾进行分类处理，可回收垃圾应妥善存放或出售，不可回收垃圾应及时清运出施工现场。

（四）消火栓、消防水带的使用

1. 消火栓的使用

消火栓分为室内消火栓和室外消火栓，如图 5-14、图 5-15 所示。

1）室内消火栓的使用

室内消火栓通常设置在室内消火栓箱内，包括箱体、消火栓、消防接口、水带、水枪、消防软管卷盘及电器设备等全套消防器材。室内消火栓栓口距离地面的高度宜为 1.1m，如图 5-16 所示。

室内消火栓的具体使用步骤和方法如下：

（1）首先打开消火栓箱门，紧急时可将玻璃门击碎，用手按里面的火警按钮，这个按钮用来报警和启动消防泵，如图 5-17 所示。

图 5-14　室内消火栓

图 5-15　室外消火栓

图 5-16　室内消火栓箱

图 5-17　打开消火栓箱门

（2）取出水枪，拉出水带，将水带接口一端与消火栓接口连接，另一端与水枪连接，如图 5-18 所示。

（a）水带与消火栓的连接

（b）水带与水枪的连接

图 5-18　水带与消火栓、水枪的连接

（3）在地面上拉直水带，将消火栓阀门打开，如图 5-19 所示，同时双手紧握水枪，对准火源根部喷水灭火，如图 5-20 所示。注意电器起火，要确定已经切断电源。

图 5-19　打开阀门　　　　　　　图 5-20　灭火

（4）灭火完毕后，关闭室内栓阀门，将水带冲洗干净，置于阴凉干燥处晾干后，按原水带安置方式置于栓箱内。将已破碎的控制按钮玻璃清理干净，换上同等规格的玻璃片。检查栓箱内所配置的消防器材是否齐全、完好，如有损坏应及时修复或配齐。

（5）室内消火栓的检查、维护

① 检查室内消火栓、水枪、水带、消防水喉是否齐全完好，有无生锈、漏水，接口垫圈是否完整无缺，并进行放水检查，检查后及时擦干，在消火栓阀杆上加润滑油。

② 检查消防水泵在火警后能否正常供水。

③ 检查报警按钮、指示灯及报警控制线路功能是否正常、无故障。

④ 检查消火栓箱及箱内配装有消防部件的外观有无损坏，涂层是否脱落，箱门玻璃是否完好无缺。

⑤ 对室内消火栓的维护，应做到各组成设备保持清洁、干燥，防锈蚀或无损坏。为防止生锈，消火栓手轮丝杆处等转动部位应经常加注润滑油。设备如有损坏，应及时修复或更换。

⑥ 日常检查时如发现室内消火栓四周放置影响消火栓使用的物品，应进行清除。

2）室外消火栓的使用

室外消火栓的具体使用步骤和方法如下：

（1）将消防水带铺开，如图 5-21 所示。

（2）将水枪与水带快速连接，如图 5-22 所示。

（3）连接水带与室外消火栓，如图 5-23 所示。

（4）连接完毕后，用室外消火栓专用扳手逆时针旋转，把螺杆旋到最大位置，打开消火栓，如图 5-24 所示。

图 5-21 铺开消防水带

图 5-22 水枪与水带连接

图 5-23 水带与室外消火栓连接

图 5-24 打开消火栓

（5）双手紧握水枪，对准火源根部喷水灭火，如图 5-25 所示。

室外消火栓使用完毕后，需打开排水阀，将消火栓内的积水排出，以免结冰将消火栓损坏。室外消火栓的使用操作可扫描二维码观看视频 5-1。

图 5-25 室外消火栓灭火

视频 5-1 室外消火栓的使用操作

2. 消防水带的使用

消防水带的使用方法和步骤如下：

（1）操作时右手食指握紧水带的两个接口，如图 5-26 所示。

（2）食指扣住水带左侧，中指、无名指、小指合并扣住水带右侧，如图5-27所示。

（3）左手拿枪头，右手提水带，成跨步姿势，使用巧劲把水带甩出去，注意水带不能折叠，如图5-28所示。

（4）右手食指紧握的两个水带接口不要甩出去，如图5-29所示。

图 5-26　消防水带使用（1）

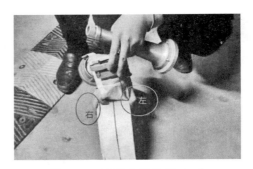

图 5-27　消防水带使用（2）

图 5-28　消防水带使用（3）

图 5-29　消防水带使用（4）

（5）消防水带使用时应注意以下事项：

① 连接消防水带时，需要将水带接口与消火栓或消防水泵进行连接，确保连接牢固，不会漏水。

② 使用消防水带时，应将其铺设在地面上，避免尖锐物体和各种油类，以免损坏水带。

③ 使用消防水带时，应将耐高压的水带接在离水泵较近的地方，充水后的水带应防止扭转或骤然折弯，同时应防止水带接口碰撞损坏。

④ 严冬季节，在火场上需暂停供水时，为防止消防水带结冰，水泵须慢速运转，保持较小的出水量。

⑤ 使用完毕后，需要将消防水带清洗干净。对输送泡沫的水带，必须细致地洗刷，保护胶层。为了清除水带上的油脂，可用温水或肥皂洗刷。对冻结的水带，首先要使之融化，然后清洗晾干，没有晾干的水带不应收卷存放。

【小贴士】消防水带的型号规格由设计工作压力、公称内径、长度、编织层经／纬线材质、衬里材质和外覆材料材质组成。如图 5-30 所示，该消防水带的设计工作压力为 2.0MPa，公称内径为 65mm，长度为 20m，编织层经线材质为涤纶长丝，纬线材质为涤纶长丝，衬里材质为聚氨酯，其型号表示为：20-65-20 涤纶长丝·涤纶长丝·聚氨酯。

图 5-30　消防水带型号示例

第二节　材料准备

（一）建筑材料在施工现场位置的设置

施工现场材料位置应根据现场的具体情况设置，既要保证使用方便，又要保证现场的整洁；既要保证使用安全，又要保证材料在使用过程中的质量和"先进先用"，如图 5-31 所示。

（1）建筑物基础和第一施工层所使用的材料，沿建筑物四周布置，但须留足安全尺寸，不得因堆料造成基槽（坑）土壁失稳。

（2）第二施工层以上所用的材料，布置在提升机具附近。

（3）砂、石等大宗材料尽量布置在搅拌机械附近。

（4）当多种材料同时布置时，大宗的、重大的如模板、脚手架材料和先期使用的材料，尽量布置在提升机具附近；少量的、轻的和后期使用的材料，则可布置得稍远一些。

（5）加工棚可布置在拟建工程四周，并考虑木材、钢筋、成品堆放场地。

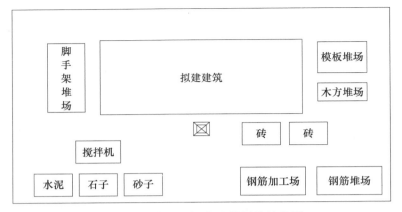

图 5-31　施工现场主要材料堆放位置

（二）建筑材料在施工现场放置数量的确定

施工现场材料放置要分类、分批、分规格堆放，整齐、整洁、安全。数量可按下列要求确定：

1. 水泥放置数量的确定

（1）水泥存放需设置水泥仓库，库房要干燥，地面垫板要离地 30cm，四周离墙 30cm，堆放高度≤ 10 袋，按照到货先后依次堆放，尽量做到先到先用，防止存放过久，如图 5-32（a）所示。若乡村建设实在无室内堆放场地时，水泥可放在室外，但一定要垫高防潮，上面全覆盖，如图 5-32（b）所示。

（a）水泥室内堆放　　　　　　　　　（b）水泥室外堆放

图 5-32　水泥室内、外堆放

（2）水泥堆放标识牌要求：标注清楚生产厂家、标号、数量、批号、生产日期、进货日期、检验日期、检验编号、检验状态。

2. 砂石放置数量的确定

砂石堆放场地应硬化，地面不积水，砂石要分类堆放，堆放限高≤ 1.2m，如

图 5-33 所示。如遇大风天气，砂石堆应用防尘网盖住。

图 5-33　砂石堆放

3. 砖、砌块堆放数量的确定

砖和砌块的堆放场地应硬化，地面不积水，有条件的可下垫上盖，不同尺寸的砖、砌块分类堆放，堆放高度 ≤ 2m，如图 5-34、图 5-35 所示。

图 5-34　砖的堆放　　　　　　　　　图 5-35　砌块堆放

4. 模板、木方堆放数量的确定

模板、木方周转材料的堆放场地应硬化，地面不积水，要分类堆放，堆放限高 ≤ 2m，如图 5-36、图 5-37 所示。

图 5-36　模板堆放　　　　　　　　　图 5-37　木方堆放

5. 钢管堆放数量的确定

钢管堆放场地应硬化，地面不积水，堆放限高≤2m，钢管必须刷防锈漆进行保护，如图5-38所示。

6. 对拉螺栓堆放数量的确定

对拉螺栓堆放场地应硬化，地面不积水，下垫上盖，堆放限高≤1.2m，对拉螺栓必须刷防锈润滑油进行保护，如图5-39所示。

图5-38　钢管堆放　　　　　　　图5-39　对拉螺栓堆放

第三节　施工机具准备

（一）电动工具与开关箱的连接情况检查与上报

在施工现场临时用电中配电箱可分为总箱、分箱和开关箱。开关箱起到方便停、送电，计量和判断停、送电的作用，如图5-40所示。

1. 连接线完整性的检查

对于电动工具与开关箱之间的连接线，应确保其完整性，如图5-41所示。检查连接线是否有破损、老化、断裂或裸露等现象，以确保其能够安全传输电能。对于发现的问题，应及时更换或修复。

2. 接头紧固情况的检查

检查连接线的接头是否紧固，防止因松动导致接触不良或产生火花。对于使用螺栓固定的接头，应使用合适的螺丝刀紧固；对于插拔式接头，应确保插头与插座接触良好。

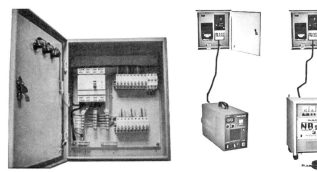

图 5-40　开关箱

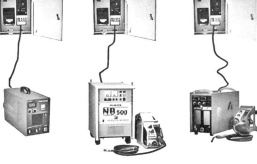

图 5-41　电动工具与开关箱的连接线

3. 绝缘性能的检测

使用绝缘电阻表等工具对连接线进行绝缘性能检测，确保电动工具与开关箱之间的绝缘电阻符合安全要求。对于绝缘性能不佳的连接线，应及时更换。

4. 漏电保护功能的检查

检查开关箱是否具备漏电保护功能，并确保该功能处于正常工作状态，如图 5-42 所示。可通过模拟漏电情况来测试漏电保护器的灵敏度。如发现问题，应及时维修或更换。

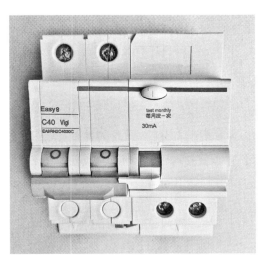

图 5-42　漏电保护开关

5. 接地电阻的测试

对接地线进行接地电阻测试，确保接地电阻值符合相关安全标准。对于接地电阻过大的情况，应检查接地线连接是否牢固，接地体是否锈蚀严重等，并及时处理。

6. 过载与短路保护的检查

检查开关箱是否具备过载和短路保护功能，并确保该功能处于正常工作状态。可通过模拟过载和短路情况来测试保护功能的可靠性。如发现问题，应及时维修或更换。

7. 标识与警示标签的检查

检查电动工具和开关箱上的标识与警示标签是否清晰、完整。如有缺失或模糊不清的标签，应及时补充或更换。同时，确保操作人员能够清晰识别并理解这些标识和标签的含义，如图 5-43 所示。

图 5-43 配电箱标识与警示

8. 检查的记录与上报

乡村建设工匠应对配电箱定期检查，每次对电动工具与开关箱连接情况检查后，应详细记录检查结果，包括发现的问题、采取的措施等。检查记录应保存在指定的位置，方便随时查阅。同时，对于发现的重要问题或隐患，应及时采取措施进行处理。

通过以上八个方面的检查与上报工作，可以确保电动工具与开关箱之间的连接安全可靠，有效预防电气事故的发生。同时，也有助于提高安全生产水平，保障施工人员生命财产安全。

（二）施工机具的保管与保养

1. 施工机具的保管

（1）存放环境：选择一个干燥、通风良好且无阳光直射的室内环境存放施工机具。避免设备暴露在雨雪、灰尘和潮湿的环境中，以防止金属部件生锈和电气部件损坏。

（2）地面处理：确保存放施工机具的地面平整、坚固，并具有良好的排水性能。对于易受潮的设备，可以在地面上铺设木板或橡胶垫，以增加设备的离地高度，防止底部受潮。

（3）清洁与整理：定期清理设备表面和内部，保持设备的清洁。同时，整理设备周围的杂物和线缆，确保通道畅通，方便设备的移动和维修。

（4）安全防护：在存放施工机具的环境中，应安装适当的消防设备，并确保设备在紧急情况下可以迅速停机。此外，应定期检查设备的电源线是否破损，以防止意外触电。

2. 施工机具的保养

（1）日常保养：每天使用设备前，检查设备的电源、开关和控制系统是否正常。运行设备后，检查设备是否有异常声音、振动或异味。如有问题，立即停机检查并报修。

（2）定期保养：根据设备制造商的建议，定期对施工机具进行保养。包括更换润滑油、检查紧固件是否松动、清理散热器等。此外，还要检查设备的切割刀具是否锋利，是否需要更换或磨砺。

（3）预防性维护：为了延长施工机具的使用寿命，应定期进行预防性维护。包括清洗设备表面和内部、检查电线和电缆、更换损坏的部件等。此外，根据需要，可以定期对设备进行调试和校准，以确保其精度和稳定性。

（4）记录与存档：为了方便追踪设备的维护历史和诊断问题，应记录每次保养和维修的内容，并将其存档。内容包括维修时间、更换的部件、进行的工作等详细信息。

3. 手持电钻的保管和保养

（1）清洁与保养：使用后应及时清洁电钻，用软布擦去表面灰尘和油污；检查钻头是否锐利，不锐利应及时磨削或更换；定期润滑电钻的关键部件，保持其良好的运作效率。

（2）存放环境：将手持电钻存放在干燥、无尘、通风良好的地方，避免潮湿和高温；避免阳光直射，以免加速电线老化和导致发热。

（3）电池与充电器：如果电钻使用可充电电池，确保电池完全充电并妥善存放；将充电器存放在干燥、通风的地方，并远离易燃物品。

（4）安全防护：在存放时，确保电钻的开关处于关闭状态，并拔下电源插头；使用适当的保护套或箱子来存放电钻，以防止碰撞和损坏。

4. 无齿锯的保管和保养

（1）清洁与检查：使用后及时清洁无齿锯，去除锯片上的残留物和尘土；检查锯片是否有损伤或裂纹，必要时进行更换。

（2）存放环境：存放于干燥、通风、无尘的地方，避免潮湿和高温；确保存放位置远离火源和易燃物品。

（3）锯片保护：存放时，应将锯片从机器上取下，并妥善放置，避免弯曲或损坏；使用保护套或专用箱子来存放无齿锯，以防止碰撞和损伤。

（4）电源与电线：拔下电源插头，存放时避免电线受到压迫或扭曲，以延长使用寿命。

无论是手持电钻还是无齿锯，都需要定期进行保养和检查，以确保其在使用时的安全和性能。正确的保管和维护可以延长设备的寿命，提高使用效率。

（三）电动机具的使用

1. 电圆锯的使用

电圆锯适用于对木材、纤维板、塑料和软电缆以及类似材料进行锯割作业，如图 5-44所示。

图 5-44　电圆锯

1）电圆锯的检查

（1）检查电圆锯的锯片、外壳、手柄是否出现裂缝、破损。

（2）检查电缆软线及插头等是否完好无损，开关是否正常，保护接零连接是否正确、牢固可靠。

（3）检查锯片是否安装牢靠，螺栓是否拧紧，内外卡盘是否将锯片紧紧夹住，锯片的平面是否与电圆锯的水平轴线方向垂直。

（4）检查活动保护罩的转动是否灵活，有无变形，与圆锯片是否相互摩擦，连接是否可靠，操作中是否会脱落。

（5）检查侧手柄是否安装牢靠，握持操作时是否会松动。

（6）检查被切割工件是否被牢牢固定好。

2）电圆锯的使用

（1）启动时电圆锯必须处于悬空位置，其会出现猛然跳动，必须双手握持，手指不得置于开关位置，锯齿必须离开被切割工件，防止电圆锯启动时跳动触碰到被切割工件。

（2）电圆锯启动后应让其空转一段时间，观察锯片运转是否正常，是否有左右摆动的现象，电圆锯是否振动过大，噪声是否正常。

（3）电圆锯在操作过程中一定要注意其电缆的位置，防止被割断造成触电或短路事故。电缆要绕过身后再接入电源，身体不要与电缆接触。

（4）电圆锯在进行切割操作时，双手一定要紧握设备的手柄和侧手柄。手指不可接近高速旋转的锯片，操作者的身体必须与设备保持适当的距离，如图 5-45 所示。电圆锯的使用可扫描二维码观看视频 5-2。

图 5-45　电圆锯切割　　　视频 5-2　电圆锯的使用

（5）不得在高过头顶的位置使用电圆锯，防止电圆锯或被切割工件脱落造成事故。

（6）作业中应注意音响及温升，发现异常应立即停机检查。在作业时间过长，机具温升超过 60℃或烫手或有烧焦味时，应停机，自然冷却后再行作业。

（7）作业中，不得用手触摸刃具，发现其有磨钝、破损等不正常声音、情况时，应立刻停止检查；维修或更换配件前必须先切断电源，并等锯片完全停止。

（8）锯片磨钝需修锉时，应关上电源，拔下插头，待锯片完全停止，才能拆下锯片作业。停电、休息或离开工作场地时应关闭电圆锯电源。加工完毕应关闭电源，并做好设备及周围场地的清洁。

2. 钢筋调直机的使用

钢筋调直机如图 5-46 所示。

图 5-46　钢筋调直机

1）开机前准备

（1）检查机器各部件是否完好无损，紧固件是否牢固。

（2）确保电源连接正确，接地良好。

（3）检查润滑油是否充足，不足时应及时添加。

（4）根据需要调整调直模的间隙，确保适应不同直径的钢筋。

2）操作步骤

（1）打开电源开关，启动电机。

（2）将待调直的钢筋放入进料口，引导钢筋进入调直模。

（3）观察钢筋的调直情况，适当调整调直模的间隙和电机的转速。

（4）调直后的钢筋从出料口输出，可根据需要截断或继续加工。

（5）操作完成后，关闭电源开关，切断电源。

3）安全注意事项

（1）使用前应确保机器接地良好，防止触电事故发生。

（2）操作时应穿戴好防护用品，如手套、工作服等。

（3）禁止在机器运行时将手伸入调直模内，以免发生危险。

（4）如发现机器有异常响声或发热等情况，应立即停机检查。

4）保管与保养

（1）定期清理机器表面的灰尘和油污，保持机器清洁。

（2）定期检查润滑油的油位，不足时应及时添加。

（3）每季度对机器各部件进行一次全面检查，发现问题及时处理。

（4）长期不使用时，应将机器存放在干燥、通风的地方，并用防尘罩遮盖。存放期间，应定期检查机器各部件是否完好，如有损坏或松动应及时处理。

3. 钢筋弯曲机的使用

钢筋弯曲机可以将钢筋弯成不同的角度和弧度，如图 5-47 所示。

图 5-47 钢筋弯曲机

1）使用前的准备

（1）确认工作环境：钢筋弯曲机应放置在平坦、坚固、无杂物的工作场地上，确保机器稳定且操作空间充足。

（2）准备所需材料：根据工程需求，准备好待弯曲的钢筋，并确保钢筋表面无油污、锈蚀等杂物。

（3）检查附件：确保所有附件（如弯曲模具、定位装置等）齐全且状态良好。

2）安全检查

（1）检查电源线和插头是否完好，无破损或老化现象。

（2）检查机器各部件是否完整，紧固件是否牢固，无松动现象。

（3）确认安全防护装置（如防护罩、挡板等）是否安装正确，工作可靠。

3）操作步骤

（1）开启电源：接通钢筋弯曲机的电源，按下启动按钮，观察电机运转是否正常。

（2）装载钢筋：将待弯曲的钢筋放置在定位装置上，并根据需要调整定位装置的位置。

（3）选择弯曲角度：根据工程要求，选择适当的弯曲模具，并调整相应的角度。

（4）开始弯曲：启动弯曲机，使钢筋在模具中弯曲成型。

（5）卸载钢筋：弯曲完成后，关闭机器，取出成型的钢筋。

（6）关闭电源：操作完成后，应关闭钢筋弯曲机的电源，断开电源插头。

（7）清理现场：清理工作现场，将弯曲好的钢筋堆放整齐，确保工作场地整洁有序。

（8）检查机器：对机器进行一次全面检查，确保各部件完好无损，为下次使用做好准备。

4）注意事项

（1）操作人员应熟悉钢筋弯曲机的结构和性能，并经过专业培训后方可操作。

（2）操作过程中应保持注意力集中，严禁分心或疲劳操作。

（3）在弯曲过程中，禁止将手或其他物品伸入弯曲区域，以免发生危险。

（4）如遇紧急情况，应立即按下急停按钮，切断电源，确保安全。

5）保管与保养

（1）定期清理机器表面和内部积累的灰尘和杂物，保持机器清洁。

（2）定期检查各部件的紧固情况，如有松动应及时紧固。

（3）定期对轴承、齿轮等运动部件进行润滑，确保机器运行顺畅。

（4）长期不使用时，应将机器存放在干燥、通风的地方，并用防尘罩遮盖。

【小贴士】可通过更换弯曲机不同的弯曲模具或调整模具角度来实现不同的弯曲角度；可根据钢筋的材质和直径，适当调整弯曲机的转速，以获得最佳的弯曲效果。

第六章 测量放线

第一节 测量

（一）构、部件的测量

1. 构、部件长度、宽度的测量

1）测量工具的使用

（1）卷尺：卷尺常用来测量部件的尺寸。使用卷尺时，要确保尺子笔直，并注意起点端要固定好。对于弯曲或不规则的部件，需要多测量几个位置以获取准确的数据，如图 6-1 所示。

（2）卡尺：卡尺适用于测量小部件或细节尺寸。使用卡尺时，要确保将测量面与部件表面完全贴合，以避免误差，如图 6-2 所示。

（3）激光测距仪：激光测距仪能够精确测量距离和角度。使用激光测距仪时，要确保对准需要测量的位置，并按照设备的指示操作，如图 6-3 所示。

图 6-1　卷尺

图 6-2　卡尺

图 6-3　激光测距仪

【小贴士】对于某些角度或斜面的测量，可以使用勾股定理即"勾三股四弦五"来计算长度。通过测量垂直和水平距离，使用勾股定理计算出所需的角度或斜面的长度。

2）房屋长度、宽度的测量

通常用卷尺或激光测距仪来测量房屋长度和宽度。沿着外墙体的外表面拉测，尺子紧贴墙面，并确保水平笔直，避免测量误差。对于比较长的墙体，可以分段测量并累加得到总长度。

3）梁长度、宽度的测量

梁的长度、宽度测量可在梁的上方或下方进行，常使用卷尺沿着梁的外边缘进行测量。注意避开梁上的支撑点或凸出物，可以在不同的位置进行多次测量，以确保数据的准确性。

4）柱高度及长度、宽度的测量

柱的高度通常使用卷尺或激光测距仪从柱底到柱顶进行测量。柱的长宽通常使用卷尺或激光测距仪测量。测量时，应注意避开柱上的装饰线条或其他凸出物，确保尺子与柱的表面平齐。

5）楼板长度、宽度的测量

楼板长宽可在楼板的上方或下方进行，常使用卷尺或激光测距仪沿着楼板的中心线或外边缘进行测量。

6）屋顶长度、宽度的测量

屋顶长宽测量需要根据屋顶的形状和构造进行。对于平屋顶，可直接使用卷尺或激光测距仪测量屋顶长度。对于坡屋顶，需要分别在屋顶不同高度位置进行测量，并记录各个位置的长度。

7）门窗洞口的测量

门窗洞口的测量包括洞口的宽度和高度。常使用卷尺或激光测距仪沿着洞口的内边缘进行测量，记录门窗洞口的实际尺寸，以便选购合适的门窗。

8）楼梯尺寸的测量

楼梯尺寸通常包括梯段尺寸和踏步尺寸。常使用卷尺或激光测距仪测量梯段长和宽，踏步的宽和高常用卷尺测量。

2. 构、部件厚度的测量

1）墙体厚度的测量

墙体厚度通常使用卷尺、卡尺或超声波测厚仪进行测量。在墙体的不同位置（如墙角、门窗洞口旁边等）选取若干个点进行测量，并记录测量数据。对于多层墙体，应分别测量各层的厚度。

2）楼板厚度的测量

楼板厚度的测量可在楼板的下方进行，使用卡尺或钻孔取样方法进行。对于混凝土楼板，可使用超声波测厚仪进行无损测量。确保在多个位置进行测量，以获得楼板的平均厚度。

（1）超声波检测法：可使用超声波测厚仪等专业测量仪器进行测量。将仪器对准楼板表面，测量仪器会显示出楼板的厚度。如图6-4所示。

（2）钻孔法：在楼板上钻一个小孔，然后使用卡尺或测量仪器测量孔的深度，即可得到楼板的厚度。这种方法适用于楼板较厚的情况，但会对楼板造成一定的损坏。如图6-5所示。

图6-4　超声波检测法　　　　　　　　图6-5　钻孔法

3）门窗框厚度的测量

门窗框的厚度可使用卡尺进行测量。在门窗框的顶部、底部和侧面分别进行测量，以获取全面的厚度数据。

4）保温层厚度的测量

保温层的厚度可使用卡尺或针式测厚仪在保温层的不同位置进行多点测量。对于较厚的保温层，可考虑在多个层次进行测量。

5）防水层厚度的测量

防水层的厚度通常使用卡尺或专用的防水层测厚仪在防水层不同位置进行多点测量，特别是在关键部位如墙角、管道周围等，以评估防水层的质量和厚度。

（二）构、部件现场位置测量定位

1. 基础现场位置测量定位

在基础垫层打好后，根据龙门板上的轴线钉或轴线控制桩，用经纬仪或用拉绳挂锤球的方法，将轴线投测到垫层面上。依据轴线控制线，用墨线弹出基础中心线和基础边线，并进行严格校核，如图6-6所示。

2. 墙、柱现场位置测量定位

根据轴网控制线，先在基础面或楼面弹出各分轴线，再根据分轴线和墙、柱的尺寸，图纸中墙、柱和轴线的位置关系，弹出墙、柱边线及控制线。同一柱列则先弹两端柱，再拉通线弹中间柱的轴线及边线，如图6-7所示。

图6-6　基础现场位置测量定位

图6-7　墙、柱现场位置测量定位

3. 门窗洞口现场位置测量定位

根据图纸中门窗洞口的尺寸和位置，在楼地面上放门窗洞口水平尺寸，如图6-8所示，窗台、门口、洞口的竖向标高一般通过皮数杆控制。

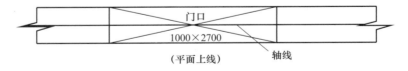

图6-8　门窗洞口现场位置测量定位

第二节　放线

（一）结构施工控制线的引测

结构施工控制线的引测大致可以分三个阶段：建筑物定位放线、基础施工放线和主体施工放线。

1. 测量放线前的准备

（1）图纸准备：熟悉施工图纸，了解户主要求和相关规范，明确控制线的种类、位置和精度要求。

（2）测量仪器准备：选择合适的测量仪器，如水准仪、经纬仪等，并检查其精度和可靠性，如图 6-9 所示。

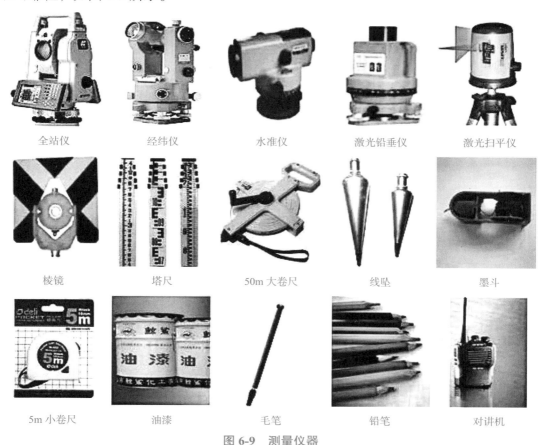

全站仪	经纬仪	水准仪	激光铅垂仪	激光扫平仪
棱镜	塔尺	50m 大卷尺	线坠	墨斗
5m 小卷尺	油漆	毛笔	铅笔	对讲机

图 6-9　测量仪器

（3）施工场地准备：清理施工现场，确保测量场地平整、开阔，无明显障碍物和沉降变形区域。

（4）人员组织：确定测量工匠，进行测量任务的分工和协调。

2. 建筑物定位放线

1）建筑物定位

（1）根据原有建筑定位

乡村房屋建设可根据与原有建筑物的位置关系定位，如图 6-10 所示。

① 根据村镇规划图提供的定位关系尺寸，定位时先将原有建筑物的 MP、NK 延长在 AB 上交得 1 点和 2 点，确保 1、2 点在 AB 直线上，由 2 点量至 3 点，再由 3 点量至 4 点。AB 为规划基线。

② 分别在 3、4 点安置经纬仪测量 90° 而测定出 EG、FH 方向线。也可利用"勾三股四弦五"定出 EG 和 FH 方向线。

③ 在该方向线上分别测定出 E、G、F、H 点，即为外墙的四个轴线的交点，并打入木桩。该方法也适用于只有原建筑，没有建筑基线 A、B 的情况，只要先按一定的距离由原建筑假设 AB 直线即可。

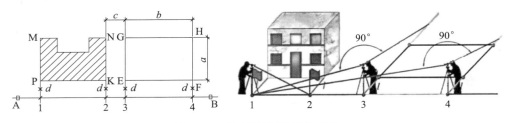

图 6-10 根据原有建筑物定位

（2）根据建筑红线定位

可根据拟建建筑物与村镇规划建筑红线的位置关系，利用建筑物用地边界点测设，如图 6-11 所示。

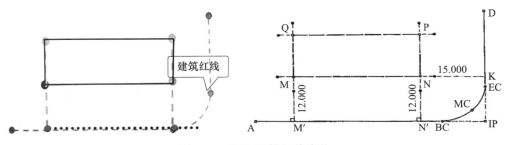

图 6-11 根据建筑红线定位

（3）根据控制点坐标定位

在建筑场地附近如果有已知的测量控制点可以利用，可根据控制点坐标及建筑物定位点的设计坐标，采用确定地面点的方法将建筑物测设定位到地面上，如图 6-12 所示。

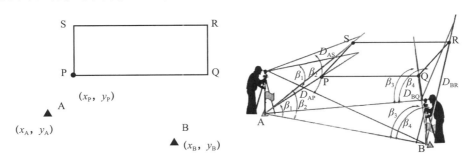

图 6-12　根据控制点坐标定位

2）建筑物的放线

根据已定位的外墙轴线交点桩（角桩），详细测设出建筑物各轴线的交点桩（或称中心桩）。放线方法如下：

（1）在外墙轴线周边测设中心桩位置，用钢尺量出相邻两轴线间的距离，定出其他轴线的交点位置。

（2）由于在开挖基槽时，角桩和中心桩要被挖掉，为了便于在施工中恢复各轴线位置，应把各轴线延长到基槽外安全地点，并做好标志。其方法有设置轴线控制桩和龙门板两种形式。

① 设置轴线控制桩。轴线控制桩设置在基槽外基础轴线的延长线上，作为开槽后各施工阶段恢复轴线的依据，轴线控制桩一般设置在基槽外 2～4m 处，打下木桩，桩顶钉上小钉，准确标出轴线位置，并用混凝土包裹木桩，如图 6-13 所示。如附近有建筑物，也可把轴线投测到建筑物上，用红漆做出标志，以代替轴线控制桩。

② 设置龙门板，将各轴线引测到基槽外的水平木板上。水平木板称为龙门板，固定龙门板的木桩称为龙门桩，如图 6-14 所示。设置龙门板的步骤如下：

a. 在建筑物四角与隔墙两端，基槽开挖边界线以外 1.5～2m 处，设置龙门桩。龙门桩要钉得竖直、牢固，龙门桩的外侧面应与基槽平行。

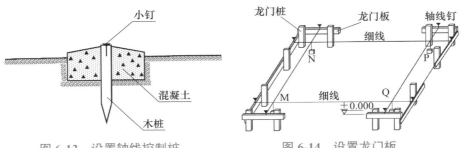

图 6-13　设置轴线控制桩　　　图 6-14　设置龙门板

b. 根据施工场地的水准点，用水准仪在每个龙门桩外侧，测设出该建筑物室内地坪设计高程线（即 ±0.000 标高线），并做出标志。

c. 沿龙门桩上±0.000标高线钉设龙门板，这样龙门板顶面的高程就同在±0.000的水平面上。然后，用水准仪校核龙门板的高程，如有差错应及时纠正，其允许误差为±5mm。

d. 在 N 点安置经纬仪，瞄准 P 点，沿视线方向在龙门板上定出一点，用小钉做标志，纵转望远镜，在 N 点的龙门板上也钉一个小钉。用同样的方法，将各轴线引测到龙门板上，所钉之小钉称为轴线钉。轴线钉定位误差应小于 ±5mm。

e. 用钢尺沿龙门板的顶面，检查轴线钉的间距，其误差不超过 1：2000。检查合格后，以轴线钉为准，将墙边线、基础边线、基础开挖边线等标定在龙门板上。

3. 基础施工放线

1）基槽开挖深度的控制

当基槽开挖接近基底标高时，在槽壁上每隔一段距离设置一个水平控制桩，一般比基槽设计标高高出 0.5～1.0m，用于拉线找平基础底标高，如图 6-15 所示。水平桩可作为挖槽深度、修平槽底和打基础垫层的依据。

2）设计标高的控制标记

在开挖达到设计标高后，一般每隔 2～3m 钉一个 30mm×30mm 小木桩打入基底，并在小木桩周围撒上白灰点或白灰圈作为基槽开挖到位标记。

3）基础的放线

（1）在基槽开挖完成后，必须复核槽底的标高及几何尺寸，确认无误后准备混凝土垫层施工，混凝土垫层完成后进行基础放线。

（2）基础垫层打好后，根据轴线控制桩或龙门板上的轴线钉，用经纬仪或用拉绳挂锤球的方法，将轴线投测到垫层上，如图 6-16 所示，并用墨线弹出墙中线和基础边线，作为基础施工的依据。

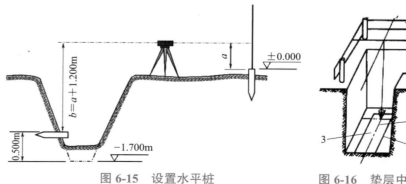

图 6-15　设置水平桩　　　　图 6-16　垫层中线的投测
1—龙门板；2—细线；3—垫层；
4—基础边线；5—墙中线

4. 主体施工放线

1）首层墙体的定位放线

（1）利用轴线控制桩或龙门板上的轴线和墙边线标志，用经纬仪或拉绳挂锤球的方法将轴线投测到基础面上或防潮层上。

（2）用墨线弹出墙中线和墙边线。

（3）检查外墙轴线交角是否等于 90°。

（4）把墙轴线延伸并画在外墙基础上，如图 6-17 所示，作为向上投测轴线的依据。

（5）把门、窗和其他洞口的边线，也在外墙基础上标定出来。

2）墙体各部位标高的控制

在墙体施工中，墙身各部位标高通常也是用皮数杆控制。

（1）在墙身皮数杆上，根据设计尺寸，按砖、灰缝的厚度画出线条，并标明 ±0.000、门、窗、楼板等的标高位置，如图 6-18 所示。

（2）墙身皮数杆的设立与基础皮数杆相同，使皮数杆上的 ±0.000 标高与房屋的室内地坪标高相吻合。在墙的转角处、每隔 10～15m 设置一根皮数杆。

（3）在墙身砌起 1m 以后，就在室内墙身上定出 + 0.500m 的标高线，作为该层地面施工和室内装修用。

（4）第二层以上墙体施工中，为了使皮数杆在同一水平面上，要用水准仪测出楼板四角的标高，取平均值作为楼面标高，并以此作为立皮数杆的标志。

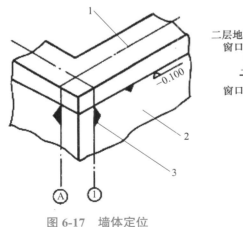

图 6-17　墙体定位

1—墙中心线；2—外墙基础；3—轴线图

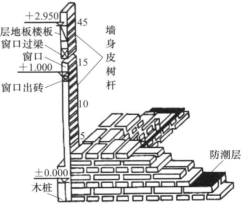

图 6-18　墙身皮数杆的设置

3）结构施工控制线的引测

主体结构施工在楼层内建立轴线控制网，控制点不少于 4 个，如图 6-19 所示。

结构放线采用双线控制，控制线与定位线间距按照 300mm 引测；轴线、墙柱控制线、周边方正线在混凝土浇筑完成后同时引测，如图 6-20 所示。所有主控线、轴线交叉位置必须采用红色油漆做好标识，如图 6-21 所示。

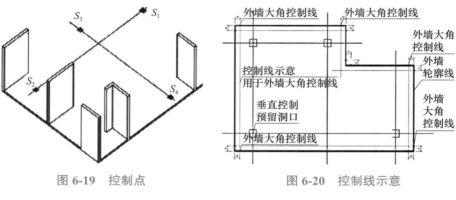

图 6-19　控制点　　　　　　　　图 6-20　控制线示意

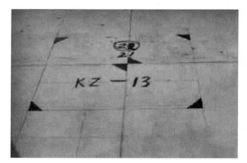

图 6-21　放线红色油漆标识

【小贴士】测量前要对仪器进行准确校准，保证测量结果的准确性；测量过程中要遵循规定的操作流程和精度要求，避免误差的产生；在恶劣天气条件下，如风雨、高温等，应尽量避免进行测量作业，以保证测量人员的安全和测量结果的准确性。

（二）装饰施工控制线的引测

装饰施工控制线有装饰基准线、水平线、装饰完成面线和施工定位线"四线"，装饰工程控制线的引测，是以建筑轴线（土建基准线）和标高为依据，指导整个施工过程的控制线，它就是装饰控制的定位线。在施工现场对图纸标注的内容按 1∶1 比例对地面、墙面、顶面进行精确细致的投放出线，如图 6-22、图 6-23 所示。

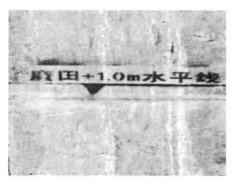

图 6-22　土建原始基准线　　　　　　　图 6-23　土建原始水平线

1. 装饰基准线的引测

由土建基准线引出装饰纵向、横向基准线。根据装饰施工图的要求，在施工现场复核土建纵向、横向基准线是否在允许偏差内。误差在允许范围内，则原土建基准线可直接作为装饰基准线使用，再延伸出各区域中线作为分支装饰基准线。误差比较大时，在原土建基准线的基础上，进行施工现场二次纠偏复测，即平行移线调整，以达到纠偏满足施工图纸的要求，再确定为装饰基准线并用红色自喷漆，喷好主基准线标注。以主基准线为直角坐标系，测设各房间十字基准线，将这些线投放到地面、墙面及顶棚，并用红漆做好标记，以便在施工中复测，十字交叉点就是装饰工程基准点，如图 6-24 所示。

图 6-24　装饰纵向、横向基准线

基准线的正确使用：在主基准线的基础上延伸到每个角落，放线环节必须工匠亲自参加，确保整个放线过程无误、可控，做到心中有数。

2. 水平线的引测

由土建提供的建筑标高水平点，贯穿各楼层地面、空间标高的控制线。

依据土建提供的各楼层建筑水平点（＋1.0m）对各房间墙面放出水平线。它是控制装饰工程所需高度的定位线，在完成水平线闭合后，对楼层建筑地面进行复核。复核后楼层建筑地面误差在允许范围内，则采用土建提供的水平点（＋1.0m），作为各楼层施工水平线；如果复核后偏差太大，必须重新确定水平线（＋1.0m），工匠按照新确认的水平线进行定位施工。如图6-25所示。

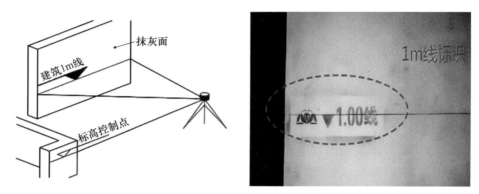

图 6-25　水平＋1.0m 线

3. 装饰完成面线的引测

依据装饰基准线，按施工图要求投放出的装饰完成面线及基层完成面线，主要包括墙面完成面线、吊顶完成面标高线、地面完成面线。

（1）墙面完成面线投放于地面和墙面阴角处，且上墙高度不低于顶面完成面，如图6-26所示。

（2）吊顶和地面完成面线则投放于四周墙面，如图6-27、图6-28所示。

图 6-26　墙面完成面线

图 6-27　吊顶完成面标高线

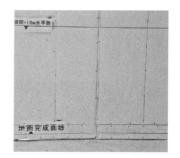
图 6-28　地面完成面线

（3）投放墙面完成面线时，应充分复测墙柱面平整度、垂直度、角度方正等土建自身偏差；同时也充分了解饰面材料的物理性能和技术参数以及末端设备管道安装所需空间（包括规格尺寸、收缩性、安装方式等）。注意留缝和节点收口的合理性，确保预留尺寸满足饰面施工拼装需要。

4. 施工定位线的引测

依据装饰基准线，按照装饰施工图投测施工定位线，作为施工参照、引用、控制、测量、下单、包装、运输、二次转运及安装的依据。主要包括主次通道中线、门窗中线、分区定位线、背景／造型中线、墙面饰面定位线、（饰面分界线）、（饰面排版线）、阴阳角定位线、吊顶／造型投影线、地面拼花中线、家具定位线、给水管／强电线管／弱电线管隐蔽线。

（1）主次通道中线是根据通道两侧已放装饰完成面线，按照装饰施工图尺寸测量出通道中点所投放的中间施工定位线，主通道与次通道在无特殊角度或弧度的情况下，应保证90°垂直或平行。此线作为地面排版、吊顶排版、吊顶造型以及天花末端（风口、喷淋、喇叭、灯具、烟感等）等施工定位所直接引用的依据。另外，应复核室内通道或入口中线与室外中线或雨棚中线是否一一对应，如图6-29所示。

（2）门窗施工定位线包括门窗中线和门窗基层定位线。根据通道完成面线和通道中线，依据装饰施工图要求投放门窗中线以确定门窗平面安装位置（施工现场能一次性放出通道中线与门中线就一步到位，减少重复投放）；同时，根据门窗设计尺寸要求和成品门窗安装连接构造，确定与基层施工定位线（门套与基层的连接空隙一般控制在8mm±2mm）加上门套基层制作所需厚度，复测土建预留门洞位置和宽高是否符合门套基层制作和成品门窗安装需要，根据实际预留情况进行基层找补，如图6-30、图6-31所示。

图6-29　通道中心线　　　　图6-30　门中心线　　　　图6-31　窗中心线

（3）分区定位线是区分区域的控制线，它是依据施工图的要求，将不同的区域间的相关相邻位置区分开，如干湿区的区分、玄关区分、客房内外的区分等，使每个区间有一定的控制范围及内容。如客房装修中，户内卫生间与卧室的区分都是按照施工图的要求来完成定位的。其意义在于干湿区确定后，就能将卧室内的电视机及床中心线投放出来，此线为干区"灵魂线"，主控干区内各机电末端点位定位以及家具功能性定位。还要注意的是功能性的要求，在分区定位放线时，要考虑到满足功能性。

如入户门开启时，能顺畅打开到 90° 后不会碰到任何物件且保证开启后的最小值，如图 6-32、图 6-33 所示。

（4）阴阳角定位线是依据施工图要求，结合施工现场放出的偏差校正后的定位线，它是原结构也存在的实体阴阳角，部分因图纸要求改变的定位线，也是墙面完成面线在此区域投放的位置，如图 6-34、图 6-35 所示。

（5）吊顶／造型投影线是依据施工图要求，在确定 ±0.000 标高后，在墙面投放出吊顶／造型高度的线。它是指导吊顶以上各工序施工环节能够正常施工的定位线，也是检查其他工序在吊顶以上施工是否存在偏差的依据，如图 6-36、图 6-37 所示。

图 6-32　客房走道分区线

图 6-33　干湿分区线

图 6-34　阴角定位线

图 6-35　阳角定位线

图 6-36　吊顶投影线

图 6-37　造型投影线

（6）家具定位线是依据基准线按照施工图要求放出的相关功能的定位线，如图6-38、图6-39所示。

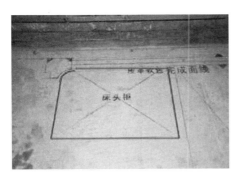

图6-38　家具定位线（1）

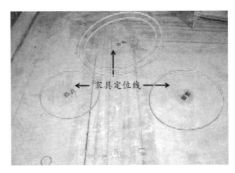

图6-39　家具定位线（2）

（三）建筑物各层标高的引测

建筑物各层标高的引测是施工过程中的一项重要任务，它确保了各楼层在同一水平面上，从而使建筑物能够按照设计要求进行建造。以下是建筑物各层标高引测的基本步骤：

（1）准备工作：在开始引测前，需要准备好相关的测量工具，如水准仪、标尺、测量绳等。同时，要确保建筑物各层楼面的清洁，以减少测量误差。

（2）水准点的确定：选择一个稳定的水准点，通常是建筑物的底层或基础层。在这个水准点上，使用水准仪进行高程测量，并以此为起点进行引测，如图6-40所示。水准点应设于坚实、不下沉、不碰动的地物上或永久性建筑物的牢固处。也可设置于外加保护的深埋木桩或混凝土桩上，并做出明显标志。

（3）架设仪器：将标高引测仪放置在基准点上，调整水平仪确保仪器水平。然后，使用钢尺将所需楼层的高度传递到基准点，并标记出该楼层的高度。

（4）逐层引测：从水准点开始，使用测量绳和标尺逐层向上或向下引测。每一层的标高都需要与基准点进行比较，以确保各层之间的标高差符合设计要求。

① 基础阶段：高程测量直接用水准仪由地面上高程控制点进行引测。要注意标高的控制，注意不要超挖，基槽较深就要一步一步传递，可在基坑边上测出标高，这样每次可从此位置用钢尺检查，如图6-41所示。

② 主体阶段：结构施工时，在首层施工完成后，将高程控制点引至外壁无遮挡的柱身上，或在楼梯间，随着结构上升，用钢卷尺将高程向上传递。每砌高一层，就从楼梯间用钢尺从下层的"＋0.500m"标高线，向上量出层高，测出上一层的"＋0.500m"标高线。这样用钢尺逐层向上引测。

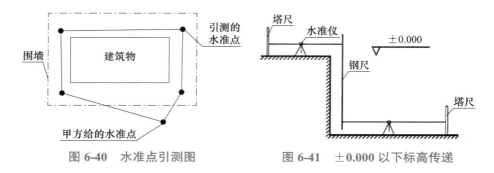

图 6-40　水准点引测图　　　　图 6-41　±0.000 以下标高传递

（5）误差的调整：如果发现有误差存在，需要及时进行调整。对于误差较小的情况，可以通过调整仪器或重新引测来解决；对于误差较大的情况，可能需要重新进行施工或者修正。

（6）数据的记录：在每一层进行标高引测时，需要详细记录测量数据。

（7）质量把控：在整个标高引测和调整过程中，需要严格把控质量关。对每个环节进行认真检查和验收，确保每一步工作的准确性和可靠性。

（四）建筑物各层轴线、控制线的引测

在乡村房屋建设过程中，为保证建筑物轴线位置正确，可用吊锤球或经纬仪将轴线投测到各层楼板边缘或柱顶上，再根据轴线引测构件边线和控制线。

1. 吊锤球引测

将较重的锤球悬吊在楼板或柱顶边缘，当锤球尖对准基础墙面上的轴线标志时，线在楼板或柱顶边缘的位置即为楼层轴线端点位置，并画出标志线，如图 6-42 所示。各轴线的端点投测完后，用钢尺检核各轴线的间距，符合要求后，继续施工，并把轴线逐层自下向上传递。

【小贴士】吊锤球法简便易行，不受施工场地限制，一般能保证施工质量。但当有风或建筑物较高时，其投测误差较大，应采用经纬仪投测法。

2. 经纬仪引测

在轴线控制桩上安置经纬仪，整平后，瞄准基础墙面上的轴线标志，用盘左、盘右分中投点法，将轴线投测到楼层边缘或柱顶上，如图 6-43 所示。将所有端点投测到楼板上之后，用钢尺检核间距，相对误差不得大于 1/2000。检查合格后，方可在楼板分间弹线，继续施工。

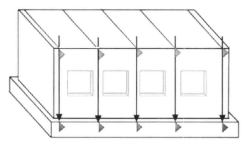

图 6-42　吊锤球引测轴线

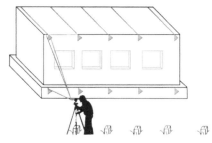

图 6-43　经纬仪引测轴线

第七章 钢筋工程施工

第一节 钢筋加工制作

（一）调直并切断盘条钢筋的方法

1. 常见钢筋配料单识读知识

钢筋配料单是根据结构施工图样及规范要求，对构件各钢筋按品种、规格、外形尺寸及数量进行编号，并计算各钢筋的直线下料长度及重量，将计算结果汇总所得的表格。

工程中常见钢筋配料单如表 7-1 所示，各个主要参数意义如下。

简支梁 L1 钢筋配料单   表 7-1

构件名称	钢筋编号	简图	直径（mm）	钢号	下料长度（mm）	根数	合计根数	重量（kg）
办公楼梁 L1（5 根）	1	100 ⎿ 4990 ⏌ 100	16	Φ	5102	2	10	152.04
	2	515 515 / 200 3160 565 565 200	16	Φ	5588	1	5	76.02
	3	4990	12	Φ	5165	1	2	61.7
	4	202 412	6	Φ	1278	25	125	141.58

构件名称：与结构施工图中构件名称对应。

钢筋编号：构件中钢筋的类型。

简图：构件中钢筋成型效果和成型尺寸。

下料长度：依据钢筋的详图尺寸和弯曲调整值，可以算出下料长度，该值是钢筋工进行钢筋截断下料的唯一依据。

【拓展知识】构件配筋图中注明的尺寸一般是指钢筋外包尺寸（也称外皮尺寸），箍筋也可以指内包尺寸，即从钢筋内皮到内皮量得的尺寸，如图7-1所示。钢筋在弯曲后，外皮尺寸长，内皮尺寸短，中轴线长度保持不变。按钢筋外皮尺寸总和下料是不准确的，只有按钢筋的轴线尺寸（即钢筋的下料长度）下料加工，才能使加工后的钢筋形状、尺寸符合设计要求。钢筋的下料长度为各段外皮尺寸之和减去弯曲处的量度差值再加上两端弯钩的增长值。

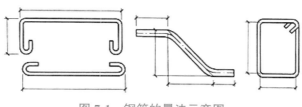

图 7-1　钢筋的量法示意图

2. 盘条钢筋调直要求

盘条钢筋在钢筋工程中占有较大的比例，须从严控制其调直后的钢筋性能，防止在调直中因冷拉过度而改变钢筋的力学性能。调直后的钢筋力学性能和重量负偏差值应符合表7-2的规定。

图 7-2　常见盘条钢筋

盘条钢筋调直后的断后伸长率、重量负偏差　　　　　　　　表 7-2

钢筋牌号	断后伸长率 A（%）	重量负偏差（%）		
		直径6~12mm	直径14~16mm	直径22~50mm
HPB300	≥21	≤10	—	—
HRB400、HRBF400	≥15	≤8	≤8	≤8
RRB400	≥13			
HRB500、HRBF500	≥14			

【拓展知识】钢筋的断后伸长率大小代表钢筋的延展性能和韧性，从表7-2中可以看出，钢筋牌号越小，其延展性能和韧性越好，调直后的重量负偏差越大，意味着钢筋可以拉更长。

3. 盘条钢筋调直工艺

盘条钢筋调直主要分为人工调直和机械调直。

1）盘条钢筋人工调直

人工调直采用手绞车调直，常用于直径10mm以下的盘圆钢筋的调直。其操作方法是用手绞车将钢筋开盘至一定长度后剪断，将剪断处用夹具夹好挂在地锚上，连续摇动手绞车，即可调直钢筋。如图7-3所示。

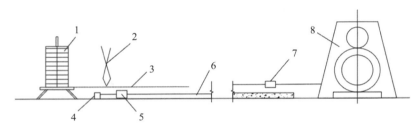

图7-3　手绞车调直钢筋示意图

1—盘条架；2—钢筋剪；3—开盘钢筋；4—地锚；5—钢筋夹；6—调直钢筋；7—钢筋夹；8—绞磨车

2）盘条钢筋机械调直

机械调直主要是数控钢筋调直机调直，适用于直径不大于14mm的盘圆钢筋的调直，并且可以根据需要的长度对钢筋自动切断，在调直过程中可将钢筋表面的氧化皮、铁锈和污物除掉，起到除锈的作用。数控钢筋调直机调直工艺如下。

（1）检查钢筋数控调直机的各部件，确保其完好无损，并进行必要的维护和清洁。

（2）将需要调直的钢筋放置在调直机的进料架上，并确保钢筋固定，避免出现松动或掉落的情况。

（3）根据钢筋的直径和长度，调整数控调直机的参数和设定值，确保调直后的钢筋尺寸和形状符合要求。

（4）打开钢筋数控调直机的电源，进行预热和自动校准，确保机器能够正常工作。

（5）启动数控调直机，按照预设的程序和参数进行调直操作。在调直和切断过程中，检查钢筋的调直情况，如有异常或偏差，及时进行调整和修正。

（6）在调直和切断完成后，停止数控调直机的运行，将切断好的钢筋从机器上取下，并进行必要的质量检查和测量。

（7）清理和维护数控调直机，清除机器上的残留物和尘埃，确保机器的正常运行和长久使用。

（8）将操作记录和调直质量记录整理完善，以备后续使用和追溯。

4. 盘条钢筋的切断

盘条钢筋调直后采用钢筋剪剪断或钢筋调直切断机自动下料。断料之前必须先进行下料长度测量和断点标记，确保钢筋长度准确。以乡村建设项目常用的钢筋剪剪断工艺为例，阐述盘条钢筋的切断工艺，同时可以通过扫描视频 7-1 二维码观看钢筋剪剪断操作演示。

（1）将同规格钢筋根据不同长度搭配，统筹排料；一般应先断长料，后断短料，减少短头，减少损耗。

（2）利用卷尺测量钢筋下料长度并标记，同一长度可统一标记，断料时应避免用短尺量长料，防止在量料中产生累计误差。

（3）根据标记点利用钢筋剪剪断钢筋，在剪断过程中，若发现钢筋的硬度有较大的出入，应及时向有关人员反映，查明情况。

（4）剪断后钢筋应进行复测，复测完成后应统一排放，以利于钢筋加工为原则。

（二）切断螺纹钢筋的方法

1. 螺纹钢切断要求

根据《混凝土结构工程施工质量验收规范》GB 50204—2015，螺纹钢筋切断加工允许偏差如表 7-3 所示。

视频 7-1　钢筋剪
剪断操作演示

螺纹钢筋切断加工允许偏差（单位：mm）　　　　表 7-3

项目	允许偏差
受力钢筋沿长度方向的净尺寸	±10
弯起钢筋的弯折位置	±20
箍筋外廓尺寸	±5

2. 螺纹钢切断方法

1）螺纹钢切断方法

螺纹钢切断方法常采用钢筋切断机切断，钢筋切断机切断方法如下。

（1）检查设备：操作前必须检查切断机刀口，确定安装正确，刀片无裂纹，刀架螺栓坚固，防护罩稳定，然后检查传动皮带轮齿轮间隙，调整刀刃间隙，空运转正常后再进行操作。

（2）测量标点：根据原料长度，将同规格钢筋根据不同长度，进行长短搭配，统筹排料，一般应先断长料，后断短料，以尽量减少短头钢筋，减少损耗。利用卷尺测量下料长度，采用粉笔或划石笔标注。

（3）钢筋切断：钢筋摆直后紧握钢筋，应在活动切刀向后退时送料入刀口，并在固定切刀一侧压住钢筋，严禁两手同时在切刀两侧握住钢筋俯身送料。

（4）调整钢筋：液压式钢筋切断机每切断一次，必须用手扳转动钢筋，给活动刀片以回程压力，这样才能继续工作。

（5）钢筋摆放：加工完成复核钢筋尺寸，复核完成后统一摆放，以利于钢筋加工为原则。

2）螺纹钢筋切断注意事项

（1）在钢筋切断中，如发现有钢筋劈裂、缩头或严重弯头等必须切除。

（2）螺纹钢筋切割端部必须平直，保障后续钢筋端头的加工和连接质量。

（3）断料前要根据配料单复核其钢筋种类、直径、尺寸、根数是否正确。

（4）断料时应避免用短尺量长料，防止在量料中产生累计误差，可在工作台上按尺寸刻度卡板下料。

（5）切长料时应设置送料工作台，并设专人扶稳钢筋，操作时动作应一致。手握端的钢筋长度不得短于 40cm，手与切口间距不得小于 15cm。切断小于 40cm 长的钢筋时，应用钢导管或钳子夹牢钢筋，严禁直接用手送料。

（6）作业中严禁用手清除铁屑、断头等杂物。机械运转中严禁进行检修、加油、更换部件。

（7）发现机械运转异常、刀片歪斜等，应立即停机检修。在钢筋摆动范围内和刀口附近，非操作人员不得停留。

3. 无齿锯切割的方法

对机械连接或对焊连接有要求的钢筋断口宜用无齿锯等切割工具垂直切断，无齿锯的切割工艺如下。

1）无齿锯切割工艺

（1）设备检查：无齿锯在启动前应对电源开关，砂轮片的松紧度、防护罩或安全挡板进行详细检查，检查传动装置和切割片的防护罩是否安全可靠，并能挡住切割片破碎后飞出伤人。夜间作业应有足够的照明，待确认安全后才允许启动。

（2）测量标点：根据原料长度，将同规格钢筋根据不同长度，进行长短搭配，统筹排料，一般应先断长料，后断短料，以尽量减少短头钢筋，减少损耗。利用卷尺测量下料长度，采用粉笔或划石笔标注。

（3）钢筋切断：断料时紧靠无齿锯的一头必须用夹具夹紧，然后手握无齿锯加力把缓慢地向下加力，不可初割时突然加力，以免损坏切割片和切割片飞出伤人。

（4）钢筋摆放：加工完成后复核钢筋尺寸，复核完成后统一摆放，以利于钢筋加工为原则。

2）无齿锯切割注意事项

（1）无齿锯底座上四个支承轮应齐全完好，安装牢固，转动灵活。安置时应平衡可靠，空转时不得有明显的振动。

（2）检查夹紧装置应操纵灵活、夹紧可靠，手轮、丝杆、螺母等应完好，螺杆螺纹不得有滑丝、乱扣现象。

（3）切割 25cm 左右的短钢筋料时，需用夹具夹紧，不准用手直接送料，切割长钢筋的另一头需有人扶稳，操作时动作要一致，不得任意拖拉，在切割料时，操作无齿锯的人员不能正面对准切割片，需站在侧边，非操作人员不得在近旁停留，以免切割片碎裂飞出伤人。

（4）切割工作完毕应关闸断电，锁好箱门，露天作业时应做好防雨淋的措施。

（5）防止使用切断机下料时刀口挤压出现的马蹄形断口，以免影响后续的连接施工。

第二节 钢筋现场施工

（一）梁、板、柱钢筋绑扎

1. 柱钢筋绑扎工艺流程

柱钢筋绑扎按照乡村建设项目情况分为框架柱和构造柱的钢筋绑扎两类。

框架柱钢筋绑扎分五步，具体施工流程如图 7-4 所示，同时可通过扫描视频 7-2 二维码观看框架柱钢筋绑扎操作演示。

视频 7-2 框架柱钢筋绑扎操作演示

调整插筋位置 ▶ 套柱箍筋 ▶ 搭接绑扎竖向筋 ▶ 画柱箍筋标记 ▶ 绑扎箍筋

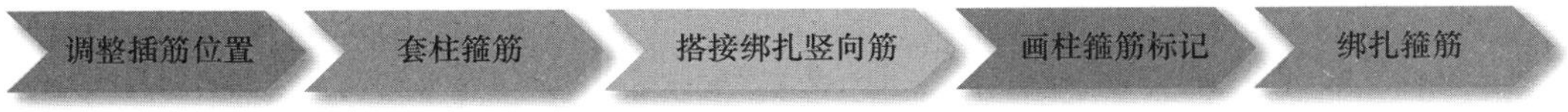

图 7-4 框架柱钢筋绑扎施工流程图

2. 柱钢筋绑扎施工技术要点

1）调整插筋位置

调整好从基础或楼板面伸出的插筋，根据已放好的柱位置线，检查插筋位置及搭接长度是否符合设计和规范的要求，如柱钢筋有偏位应及时进行处理，如图7-5所示。

图 7-5　柱插筋偏位

2）套柱箍筋

（1）根据施工图要求的柱箍筋间距，计算柱箍筋的数量。

（2）为便于套箍，箍筋应在纵向钢筋搭接之前套入下层柱出筋或基础插筋上，如图7-6所示。

（3）在套复合箍筋时要注意箍筋135°弯钩位置不得安放在同一位置，如图7-7所示，需绕柱子四角旋转布置。

图 7-6　套柱箍筋图

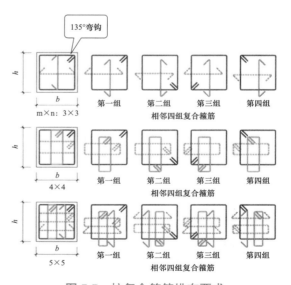

图 7-7　柱复合箍筋排布要求

3）搭接绑扎竖向钢筋

（1）先绑扎连接柱子角部的主筋，再绑扎其余主筋，在搭接长度内，绑扣不少于3个，绑扣应朝内，以便于其他箍筋向上移动。

（2）柱中竖向钢筋搭接时，角部钢筋的弯钩平面与模板面的夹角，对于矩形截面柱为45°，对于多边形截面柱应为模板内角的平分角（如正六边形截面平分角为60°，正八边形截面平分角为67.5°）；圆形截面柱钢筋的弯钩平面应与模板的切平面垂直，当采用插入式振捣器浇筑小截面柱子时，钢筋弯钩平面与模板面的夹角不得小于15°。

4）标记柱箍筋间距线

（1）在立好的柱纵向钢筋上，按图纸要求用粉笔画出箍筋间距线，辅助后续绑扎箍筋时的钢筋定位，如图 7-8 所示。

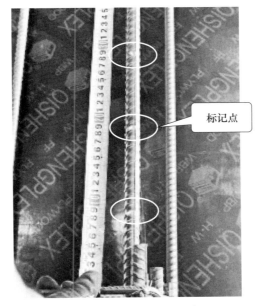

标记点

图 7-8　柱箍筋画线标点

（2）若是有抗震要求，框架柱箍筋必须加密，需要依据柱箍筋加密区标准构造要求计算箍筋加密区的范围，并对应画出加密区和非加密区的分界箍筋位置。

5）绑扎柱箍筋

（1）根据已画好的箍筋位置线，将已套好的箍筋往上移动，由上往下绑扎，宜采用缠扣绑扎，如图 7-9（a）所示。

（2）箍筋与主筋要垂直，箍筋转角处与主筋交点均要绑扎，主筋与箍筋非转角部分的相交点可为梅花交错绑扎。

（3）如设计要求箍筋设拉结筋时，拉结筋应钩住箍筋，如图 7-10 所示。

127

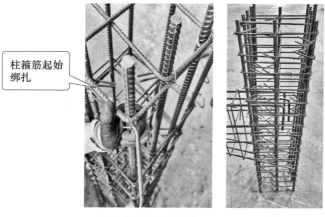

（a）柱箍筋起始绑扎　　（b）柱箍筋绑扎完成

图 7-9　柱钢筋绑扎

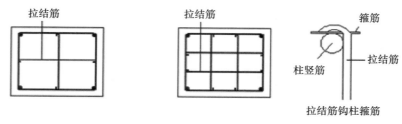

图 7-10　柱拉结筋要求

【拓展知识】构造柱钢筋绑扎需要在框架柱钢筋绑扎步骤基础上再补充 2 个流程。

（1）构造柱钢筋必须与各层纵横墙的圈梁钢筋绑扎连接，形成一个封闭框架。在砌砖墙马牙槎时，沿墙高每 500mm 埋设两根直径为 6mm 的水平拉结筋，如图 7-11 所示，与构造柱钢筋绑扎连接。

（2）砌完砖墙后，应对构造柱钢筋进行修整，以保证钢筋位置及间距准确，如图 7-12 所示。

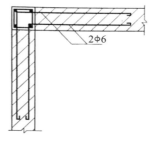

图 7-11　水平拉结筋

图 7-12　构造柱钢筋绑扎

3. 梁钢筋绑扎工艺流程

1）梁钢筋模内绑扎

梁钢筋模内绑扎分七步，具体施工流程如图 7-13 所示。

图 7-13　梁钢筋模内绑扎流程图

2）梁钢筋模外绑扎

梁钢筋模外绑扎应先在梁模板上口绑扎成型后再入模内。梁钢筋模外绑扎施工流程如图 7-14 所示。

图 7-14　梁钢筋模外绑扎流程图

4. 梁钢筋绑扎施工技术要点

以梁钢筋模内绑扎为例，主要技术要点和注意事项如下。

1）画箍筋间距

（1）在梁侧模板上画出箍筋间距，摆放箍筋。

（2）梁端第一个箍筋应设置在距离柱节点边缘 50mm 处。梁端与柱交接处箍筋应加密，其间距与加密区长度均要符合设计要求。

（3）梁柱节点处，由于梁筋穿在柱筋内侧，导致梁筋保护层加大，应采用渐变箍筋，渐变长度一般为 600mm，以保证箍筋与梁筋紧密绑扎到位。

2）穿插梁纵向钢筋

（1）穿主梁的下部纵向受力钢筋及弯起钢筋，将箍筋按已画好的间距逐个分开。

（2）穿次梁的下部纵向受力钢筋及弯起钢筋，并套好箍筋。

（3）放主次梁的架立筋，隔一定间距将架立筋与箍筋绑扎牢固。

（4）框架梁上部纵向钢筋应贯穿中间节点，梁下部纵向钢筋伸入中间节点锚固长度及伸过中心线的长度应符合设计要求。框架梁纵向钢筋在端节点内的锚固长度也应符合设计要求。

3）绑扎梁箍筋

（1）先绑架立筋，再绑主筋，主次梁绑扎同时配合进行。

（2）次梁上部纵向钢筋应放在主梁上部纵向钢筋之上，如图 7-15（a）所示，为了保证次梁钢筋的保护层厚度和板筋位置，可将主梁上部钢筋降低一个次梁上部主筋直径的距离。

（3）绑梁上部纵向筋的箍筋，宜用套扣法绑扎。

（4）箍筋在叠合处的弯钩，按梁上部角点交错布置绑扎，如图 7-15（b）所示。

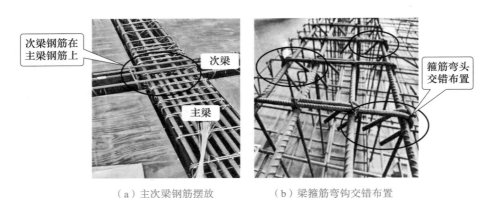

（a）主次梁钢筋摆放　　　　　（b）梁箍筋弯钩交错布置

图 7-15　梁箍筋绑扎

5. 板钢筋绑扎工艺流程

板钢筋绑扎施工流程分八步，具体绑扎流程如图 7-16 所示，同时可通过扫描视频 7-3 二维码观看板钢筋绑扎操作演示。

图 7-16　板钢筋绑扎施工流程

6. 板钢筋绑扎施工技术要点

（1）清除模板上面的杂物，用粉笔在模板上画好主筋、分布筋的间距定位，再用墨线弹出主筋和分布筋的定位线。

（2）按画好的间距先摆放受力筋，后摆放分布筋。预埋件、电线管、预留孔等及时配合安装在钢筋内，如图 7-17（a）所示。

（3）在现浇板中有板带梁时，应先绑板带梁钢筋，再摆放板钢筋。

（4）绑扎板钢筋时一般用顺扣或八字扣。除外围两根钢筋的相交点应全部绑扎外，其余各点可交错绑扎，如板设计为双向板，则相交点需全部绑扎。如板为双层筋，则两层钢筋之间需加钢筋马凳筋，以确保上部筋的位置，如图 7-17（b）所示，板支座负筋每个交叉点均要绑扎。

视频 7-3　板钢筋绑扎操作演示

（a）水管排布　　　　　　　（b）马凳筋摆放　　　　　　（c）板上部钢筋绑扎

图 7-17　板钢筋绑扎

（5）在钢筋的下面垫好砂浆垫块，垫块的厚度等于保护层厚度。

（二）钢筋网片的绑扎

1. 钢筋网片绑扎工艺流程

钢筋网片为形状规则、同规格数量多的基础、板、墙等构件的钢筋网。钢筋网片绑扎施工流程如图 7-18 所示。

画线　→　摆长方向筋　→　摆短方向筋　→　交叉点绑扎

图 7-18　钢筋网片绑扎施工流程

2. 钢筋网片绑扎施工技术要点

（1）画线：按设计要求的纵横钢筋间距在地坪上画线，如图 7-19（a）所示。

（2）摆放钢筋：长方向筋放在下面，短方向筋放在上面，钢筋有弯钩时，要注意弯钩朝向，如图7-19（b）（c）所示。

（3）绑扎：当钢筋网为单向受力钢筋的构件时，只需将外围两行的交叉点绑扎。中间部分可梅花点绑扎；双向受力钢筋网，每个交叉点均应绑扎。用一面顺扣绑扎时，要交错方向绑扎。为防止松扣，可适当加一些十字花扣或缠扣，如图7-19（d）所示。

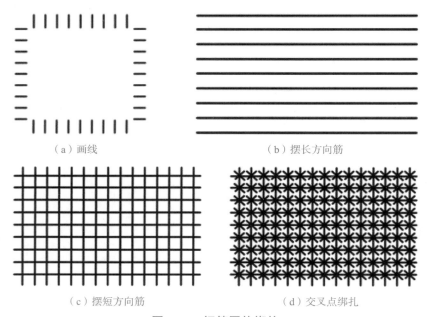

（a）画线　　　　　　　　　　　（b）摆长方向筋

（c）摆短方向筋　　　　　　　　（d）交叉点绑扎

图7-19　钢筋网片绑扎

（4）为保证绑好的钢筋网在堆放、搬运、起吊和安装过程中不发生歪斜、扭曲，除增加绑扣外，可用钢筋斜向拉结临时固定，安装后拆除拉结筋。

【拓展知识】钢筋网片的安装施工技术要点和注意事项如下。

（1）清扫模板上刨花、碎木、电线管头等杂物。

（2）网片按模板上标注编号就位安装，按同一型号分别就位安装，避免拿错安装。有弯折变形的网片，应在网片安装前校直后方可安装。

（3）底网、面网最外侧受力至梁边的距离不宜小于50mm，不应大于该方向受力钢筋间距的1/2且不宜大于100mm。

（4）底网伸入支座（梁或剪力墙）内的锚固长度≥15d（d为钢筋网片所用钢筋的直径）且不小于150mm。面网钢筋锚入支座（梁或剪力墙）内的锚固长度≥30d。当支座宽度满足钢筋锚固长度要求时，钢筋不弯钩；当支座宽度不满足钢筋锚固要求时，钢筋采用弯折锚固构造，以满足锚固要求。

（5）双向板底网分纵横两层网片时，先铺短方向网片，后铺长方向网片。铺装时宜先穿入次梁后穿入主梁。

（6）底网一般以每两个人为一组，面网一般以每4～6个人为一组，安装前先让工匠熟悉图纸上网片的位置，并用粉笔把图纸上网片的编号写在模板上，每堆网片安排一人拿图纸，指导工匠将网片放在正确的位置上。

（7）钢筋网片绑扎一般用顺扣或八字扣，外围钢筋的相交点全部绑扎，其余区域每平方米绑扎不宜少于一点。如板为双层钢筋，板的上部网片应在接近短向钢筋两端，沿长向钢筋方向每隔600～900mm设置一个钢筋支架，保证上部钢筋受力钢筋的保护层。在附加钢筋与焊接网连接的每个节点处均应采用扎丝绑扎。

（8）底网铺设完，检查无误后方可进行水电管道预埋安装。

（9）面网安装前根据板厚放置钢筋支架，先安装主梁上的控制网片，再安装次梁上的网片，最后安装梁间的网片。面网受力钢筋安装完后应在分布钢筋的上面。

（10）图纸中未注明定位尺寸的网片，受力钢筋均匀布置在梁两侧。注明定位尺寸的网片，按图纸定位尺寸从一端向另一端安装。

（三）钢筋的搭接连接

1. 钢筋搭接连接的基本原理

钢筋搭接连接按照规范要求的搭接长度进行绑扎连接，在搭接部分的中心和两端用扎丝扎紧，如图7-20所示。

钢筋搭接连接是钢筋混凝土结构中纵筋连接接长的常用方式之一，本质是将需要连接的钢筋在长度方向进行一定长度的重叠，利用钢筋之间的混凝土来传递钢筋之间纵向力的一种连接方式。

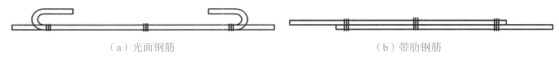

（a）光面钢筋　　　　　　　　　　（b）带肋钢筋

图7-20　钢筋的绑扎连接

钢筋的搭接接头宜设置在受力较小处。同一纵向受力钢筋不宜设置两个或两个以上接头。接头末端至钢筋弯起点的距离不应小于钢筋直径的10倍。

钢筋绑扎搭接接头连接区段的长度为 1.3 倍的搭接长度，搭接长度取相互连接两根钢筋中较小直径计算，同一连接区段内纵向受拉钢筋绑扎搭接接头示意如图 7-21 所示。

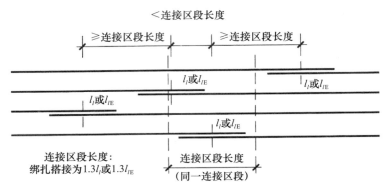

图 7-21　同一连接区段内纵向受拉钢筋绑扎搭接接头

凡搭接接头中点位于该连接区段长度内的搭接接头均属于同一连接区段。同一连接区段内，纵向钢筋搭接接头面积百分率为该区段内有搭接接头的纵向受力钢筋截面面积与全部纵向受力钢筋截面面积的比值。

2. 钢筋搭接连接施工技术要点

1）纵向钢筋搭接要求

当纵向受力钢筋采用绑扎搭接接头时，接头设置应符合下列规定：

（1）搭接同一构件中相邻纵向受力钢筋的绑扎搭接接头宜相互错开。

（2）绑扎搭接接头中钢筋的横向净距不应小于钢筋直径，且不应小于 25mm。

（3）同一连接区段内，纵向受拉钢筋搭接接头面积百分率应符合设计要求，当设计无具体要求时，应符合下列规定：

① 梁类、板类及墙类构件，不宜大于 25%。

② 基础筏板，不宜超过 50%。

③ 柱类构件，不宜大于 50%。

④ 当工程中确有必要增大接头面积百分率时，对梁类构件，不应大于 50%。

对其他构件，可根据实际情况放宽。

（4）当受拉钢筋直径大于 25mm 及受压钢筋直径大于 28mm 时，不宜采用绑扎搭接。

（5）轴心受拉及小偏心受拉构件中纵向受力钢筋不应采用绑扎搭接。

（6）纵向受力钢筋连接位置宜避开梁端、柱端箍筋加密区。如必须在此连接时，应采用机械连接或焊接。

2）箍筋设置

在梁、柱类构件的纵向受力钢筋搭接长度范围内，如图 7-22 所示，应按设计要求配置箍筋。

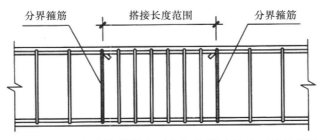

图 7-22　梁、柱类构件纵向受力钢筋搭接接头区箍筋构造

（1）箍筋直径不应小于搭接钢筋较大直径的 0.25 倍，且不小于构件所配箍筋直径；受拉搭接区段的箍筋间距不应大于搭接钢筋较小直径的 5 倍，且不应大于 100mm。

（2）受压搭接区段的箍筋间距不应大于搭接钢筋较小直径的 10 倍，且不应大于 200mm。

（3）当柱中纵向受力钢筋直径大于 25mm 时，应在搭接接头两个端面外 100mm 范围内各设置两个箍筋，其间距宜为 50mm。

第八章　钢筋工程质量验收

第一节　钢筋工程质量检查

（一）梁、板、柱构件主筋质量检查

【小贴士】根据《混凝土结构工程施工质量验收规范》GB 50204—2015，明确钢筋检查的主控项目和一般项目。

1）主控项目

钢筋安装时，受力钢筋的牌号、规格和数量必须符合设计要求。检查数量：全数检查。检验方法：观察，尺量。

钢筋应安装牢固，受力钢筋的安装位置、锚固方式应符合设计要求。检查数量：全数检查。检验方法：观察，尺量。

2）一般项目

钢筋安装偏差及检验方法应符合规定，受力钢筋保护层厚度的合格点率应达到90%及以上，且不得有超过表4-2中数值1.5倍的尺寸偏差。检查数量：钢筋质量抽检数量要求是在同一检验批内，对梁、柱和独立基础，应抽查构件数量的10%且不少于3件；对板应按有代表性的自然间抽查10%，且不少于3间；对大空间结构，板可按纵、横轴线划分检查面，抽查10%，且均不少于3面。

1. 柱钢筋质量检查

为保证房屋工程质量，在浇筑混凝土前，应对钢筋工程进行隐蔽验收。钢筋工程质量检查内容包括钢筋牌号、规格、数量以及构造要求等，并应及时记录检查情况，作为质量问题处理和证明钢筋工程质量的重要依据。图8-1为钢筋工程质量现场验收。图8-2为框架柱钢筋示意。

图 8-1　钢筋工程质量现场验收

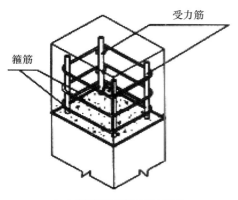

（a）框架柱三维钢筋示意图

（b）柱钢筋实物图

图 8-2　框架柱钢筋示意图

1）柱钢筋主筋型号检查

主筋型号包含主筋牌号和规格。柱子的主筋直径一般较大，可以根据钢筋外观的轧制标志识别，如图 8-3 所示。

检查内容：核对主筋牌号和规格是否与设计一致。

检查方法：观察法。

特别注意：尺寸较大的柱子，角筋型号与其他主筋型号会有两种以上。

2）柱钢筋主筋数量检查

柱子主筋一般布置在外围一圈，需要检查柱子四个角筋数量和中间主筋的数量，如图 8-4 所示。

检查内容：确认主筋数量与设计要求一致。

检查方法：观察法。

3）柱钢筋主筋间距检查

主筋间距检查内容包括主筋之间的间距和主筋与模板之间的距离。柱子主筋一般是竖向放置，要求主筋间距均匀设置，且主筋保护层厚度满足设计要求。

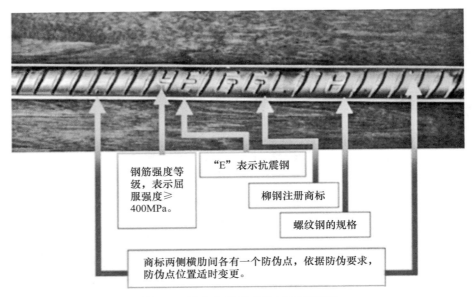

钢筋强度等级，表示屈服强度≥400MPa。

"E"表示抗震钢

柳钢注册商标

螺纹钢的规格

商标两侧横肋间各有一个防伪点，依据防伪要求，防伪点位置适时变更。

图 8-3　某企业钢筋实物标识图例图

（a）柱子主筋位置图

（b）柱子主筋检查

图 8-4　柱子主筋数量检查

检查方法：抽检。

检查工具：尺量。

4）柱子主筋安装牢固检查

（1）位置检查：柱主筋位置应全部在柱子核心区。

（2）扎丝检查：柱子主筋采用绑扎搭接接头时，应在接头中心和两端用扎丝扎牢，柱钢筋骨架中的各竖向钢筋网交叉点应全数绑扎，检查是否有脱扣、松扣的现象。

（3）通过小幅度晃动钢筋骨架，检查是否有钢筋骨架过度变形现象。

5）完成柱钢筋质量检查记录表（表 8-1）

柱钢筋质量检查记录表　　　　　　　　　　　　　　　　表 8-1

序号	柱编号	检查内容	质量情况记录	备注
1	一层框架柱	主筋型号		
		主筋数量		
		主筋间距		
		主筋绑扎牢固		

【拓展知识】根据《混凝土结构设计标准》GB/T 50010—2010（2024 年版），梁上部钢筋水平方向的净间距不应小于 30mm 和 1.5d；梁下部钢筋水平方向的净间距不应小于 25mm 和 d。当下部钢筋多于 2 层时，2 层以上钢筋水平方向的中距应比下面 2 层的中距增大一倍；各层钢筋之间的净间距不应小于 25mm 和 d，d 为钢筋的最大直径（需要满足混凝土浇筑过程中振捣棒能插入钢筋骨架内）。

柱中纵向钢筋的净间距不应小于 50mm，且不宜大于 300mm。

2. 梁钢筋质量检查

图 8-5 为梁钢筋示意。

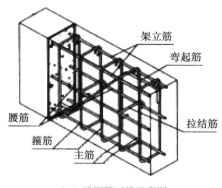

（a）梁钢筋三维示意图

（b）梁模外绑扎钢筋

图 8-5　梁钢筋示意图

1）梁主筋型号检查

一根梁内主筋通常有两种及以上钢筋型号，且是大直径带肋钢筋。检查时根据钢筋外观的轧制标志识别，核对牌号、规格是否与设计一致，如图 8-6 所示。

检查方法：观察和尺量。

检查数量：全数检查。

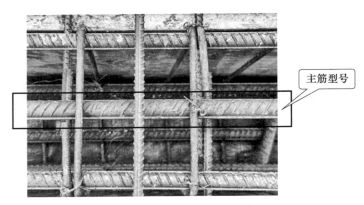

图 8-6　梁钢筋主筋型号

2）梁主筋数量检查

梁主筋数量检查包括梁下部跨中和支座处钢筋排数、数量，梁上部中间、支座边钢筋排数、数量。

检查方法：观察法。

检查数量：全数检查。

3）梁主筋间距检查

（1）合理选择有代表性的梁。

（2）用卷尺测量梁主筋间距，梁主筋间距要保证满足规范要求，如图 8-7 所示。

图 8-7　梁钢筋主筋间距检查

（3）用钢卷尺测量梁上部主筋与二排筋之间的净距，保证净距满足规范要求。梁二排钢筋测量注意事项：保证安装净距≥25mm，同时≥钢筋直径 d，且二排筋保证被提起并有效固定，没有掉下，二排筋位置合理。

　　由于箍筋弯钩或其他钢筋挡住导致二排筋与主筋间距过大，记为合格；若箍筋弯钩或其他钢筋没有影响，但二排筋没有提起的，记为不合格；若主筋与二排筋间距＜25mm，记为不合格。

　　4）梁主筋安装牢固检查

　　（1）位置检查：检查梁底部和顶部的主筋安装位置是否满足设计要求。

　　（2）扎丝检查：梁主筋采用绑扎搭接接头时，应在接头中心和两端用扎丝扎牢，检查是否有脱扣、松扣的现象。

　　（3）通过小幅度晃动钢筋骨架，检查是否有钢筋骨架过度变形现象。

　　5）梁主筋检查后及时记录，形成梁主筋质量检查记录表（表8-2）

梁主筋质量检查记录表　　　　表8-2

序号	梁编号	检查内容	质量情况记录	备注
1	一层框架梁	主筋型号		
		主筋数量		
		主筋间距		
		主筋绑扎牢固		

　　【拓展知识】钢筋锚固长度：钢筋锚固长度是指钢筋在混凝土中的固定长度，它是确保构件的抗震性能和承载力的重要因素，受拉钢筋的锚固长度详见表8-3。

受拉钢筋锚固长度表　　　　表8-3

钢筋种类	混凝土强度等级							
	C25		C30		C35		C40	
	$d \leq 25$	$d > 25$	$d \leq 25$	$d > 25$	$d \leq 25$	$d > 25$	$d \leq 25$	$d > 25$
HPB300	$34d$	—	$30d$	—	$28d$	—	$25d$	—
ERB400、HRBF400、RRB400	$40d$	$44d$	$35d$	$39d$	$32d$	$35d$	$29d$	$32d$
ERB500、HRBF500	$48d$	$53d$	$43d$	$47d$	$39d$	$43d$	$36d$	$40d$

续表

钢筋种类	混凝土强度等级							
	C45		C50		C55		> C60	
	$d \leqslant 25$	$d > 25$	$d \leqslant 25$	$d > 25$	$d \leqslant 25$	$d > 25$	$d \leqslant 25$	$d > 25$
HPB300	$24d$	—	$23d$	—	$22d$	—	$21d$	—
ERB400、HRBF400、RRB400	$28d$	$31d$	$27d$	$30d$	$26d$	$29d$	$25d$	$28d$
ERB500、HRBF500	$34d$	$37d$	$32d$	$35d$	$31d$	$34d$	$30d$	$33d$

3. 板钢筋质量检查

图 8-8 为板钢筋安装示意。

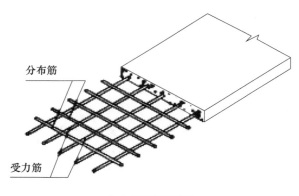

（a）板钢筋示意图   （b）板钢筋绑扎示意图

图 8-8　板钢筋安装图

1）板主筋型号检查

检查步骤：板主筋型号核对，光圆钢筋和小直径带肋钢筋外观没有轧制标志，钢筋牌号、规格可以核对钢筋原材证明文件，注意钢筋施工过程的质量跟踪。

2）板钢筋数量检查

板钢筋数量必须符合设计要求。观察钢筋位置排数（单层、双层）及每排钢筋数量。如果是悬挑板，特别需要保证上部钢筋数量。

3）板钢筋间距检查

检查步骤：

（1）先抽样选取有代表性的自然间板钢筋。

（2）用尺量板钢筋两端、中间各一个点，取最大偏差值。

（3）间距偏差在 10mm 以内，排距在 5mm 以内，判定合格。

4）板钢筋安装牢固检查

检查步骤：

（1）检查板主筋安装位置是否正确。在现浇板中，下层钢筋的短跨应置于下方，长跨则置于上方。而对于上层钢筋，短跨应置于上方，长跨则置于下方。

（2）板底主筋的锚固长度大于 5d，且至少到梁中线。

【拓展知识】（1）为了确保结构的稳定性，板筋的起步筋位置应取板受力钢筋间距的一半，从梁外侧筋外侧开始算起，一般做法是取梁侧模外 50mm。

（2）板主筋接头位置与搭接长度。上部钢筋的接头位置通常设在跨中的 1/3 处，可以进行搭接。而下部钢筋的接头处应在支座的 1/3 处，同时下部钢筋也可以锚固入梁内并满足锚固长度。对于 100% 的搭接比例，其搭接长度需要乘以 1.4。

5）板主筋检查后及时记录，形成板主筋质量检查记录表（表 8-4）

板主筋质量检查记录表 表 8-4

序号	板编号	检查内容	质量情况记录	备注
1	一层楼面板	主筋型号		
		主筋数量		
		主筋间距		
		主筋绑扎牢固		

（二）钢筋网片质量检查

钢筋网片质量检查应根据《钢筋焊接网混凝土结构技术规程》JGJ 114—2014 中第 6.4.1～6.4.4 条所述，其中特别注意第 6.4.4 条中钢筋焊接网搭接长度的要求：钢筋焊接网搭接长度的允许偏差为＋30mm。对墙和板应按有代表性的自然间抽查 10%，且不应少于 3 间。

1. 钢筋网片型号、规格和数量检查

1）钢筋网片常用钢筋型号、规格检查

检查步骤：

（1）核对钢筋网片钢筋型号。外加工产品，检查钢筋网片包装，核对产品名称、型号规格与施工是否一致。

（2）用尺量抽检钢筋直径（图8-9）。

图8-9　钢筋网片规格检查

（3）及时记录钢筋网片质量情况。

2）钢筋网片数量检查

检查步骤：

（1）核对钢筋网片排数。墙板受荷载和板厚度的影响，设置的钢筋网片有单排（层）钢筋焊接网、双排（层）钢筋焊接网和三排钢筋焊接网等。

（2）检查钢筋网片间距。检查两排钢筋网片之间的距离是否满足要求，以及钢筋网片保护层的厚度等。

（3）及时记录钢筋网片数量检查情况。

2. 钢筋网片安装牢固程度检查

检查步骤：

（1）检查钢筋网片安装方向和位置是否正确。在安装底网时，主受力筋应位于网格的下方，而在安装面网时，主受力筋需要位于网格上方。

（2）检查钢筋网片之间固定是否可靠。检查钢筋马凳、架立筋位置、间距是否满足要求。

（3）检查钢筋网片与主体结构之间的连接是否紧密，是否有松动现象。

（4）检查钢筋网片连接方式和搭接长度是否满足要求。

【拓展知识】建筑钢筋网片的规格指标主要包含纵横向钢筋的直径、网孔大小和外形尺寸。如果是镀锌网片，则要求注明镀锌网片的表面处理方式、上锌量是否达标等信息。钢筋网片常用规格型号详见表 8-5。

钢筋网片常用规格型号表（单位：mm） 表 8-5

序号	规格型号	纵向钢筋直径	横向钢筋直径	网片尺寸
1	HRB400 6×6	6	6	100×100、150×150
2	HRB400 8×8	8	8	100×100、150×150
3	HRB400 10×10	10	10	100×100、150×150
4	HRB400 12×12	12	12	100×100、150×150
5	HRB500 6×6	6	6	100×100、150×150
6	HRB500 8×8	8	8	100×100、150×150
7	HRB500 10×10	10	10	100×100、150×150
8	HRB500 12×12	12	12	100×100、150×150

（三）钢筋搭接连接质量检查

1. 检查钢筋搭接接头位置

1）钢筋搭接接头位置检查
检查步骤：
（1）梁端、柱端箍筋加密区范围内不应进行钢筋搭接。
（2）接头末端至钢筋弯起点的距离不应小于钢筋直径的 10 倍。
（3）接头的横向净距不应小于钢筋直径，且不应小于 25mm。
2）钢筋搭接接头面积数量检查
同一连接区段内，纵向受拉钢筋的接头面积百分率应符合要求。

2. 钢筋搭接连接长度检查

钢筋搭接长度应该满足设计要求，且大于 300mm，有抗震设计要求的应符合纵向受拉钢筋抗震搭接长度要求，纵向受拉钢筋搭接长度详见表 8-6。钢筋搭接连接长度检查完后，填写钢筋搭接连接接头质量验收检查记录，详见表 8-7。

纵向受拉钢筋搭接长度　　　　　　表 8-6

钢筋种类及同一区段内搭接钢筋面积百分率		混凝土强度等级							
		C25		C30		C35		C40	
		$d \leq 25$	$d > 25$	$d \leq 25$	$d > 25$	$d \leq 25$	$d > 25$	$d \leq 25$	$d > 25$
HPB300	<25%	41d	—	36d	—	34d	—	30d	—
	50%	48d	—	42d	—	39d	—	35d	—
	100%	54d	—	48d	—	45d	—	40d	—
HRB400 HRBF400 RRB400	<25%	48d	53d	42d	47d	38d	42d	35d	38d
	50%	56d	62d	49d	55d	45d	49d	41d	45d
	100%	64d	70d	56d	62d	51d	56d	46d	51d
HRB500 HRBF500	<25%	58d	64d	52d	56d	47d	52d	43d	48d
	50%	67d	74d	60d	66d	55d	60d	50d	56d
	100%	77d	85d	69d	75d	62d	69d	58d	64d

钢筋种类及同一区段内搭接钢筋面积百分率		混凝土强度等级							
		C45		C50		C55		C60	
		$d \leq 25$	$d > 25$	$d \leq 25$	$d > 25$	$d \leq 25$	$d > 25$	$d \leq 25$	$d > 25$
HPB300	<25%	29d	—	28d	—	26d	—	25d	—
	50%	34d	—	32d	—	31d	—	29d	—
	100%	38d	—	37d	—	35d	—	34d	—
HRB400 HRBF400 RRB400	<25%	34d	37d	32d	36d	31d	35d	30d	34d
	50%	39d	43d	38d	42d	36d	41d	35d	39d
	100%	45d	50d	43d	48d	42d	46d	40d	45d
HRB500 HRBF500	<25%	41d	44d	38d	42d	37d	41d	36d	40d
	50%	48d	52d	45d	49d	43d	48d	42d	46d
	100%	54d	59d	51d	56d	50d	54d	48d	53d

钢筋搭接连接接头质量验收检查记录　　　　　　表 8-7

单位工程名称				
检验批名称		钢筋连接检验批	检验批编号	
编号	验收项目	验收部位	检查原始记录	备注
1	绑扎搭接的接头，接头的横向净间距			
2	绑扎搭接的接头百分率			
3	梁、柱类构件的纵向受拉钢筋搭接长度范围内箍筋间距（mm）			

第二节　钢筋工程质量问题处理

【小贴士】钢筋是混凝土结构中承受和传递荷载的重要材料，不合格钢筋会影响钢筋混凝土结构的稳定性、安全性和耐久性。因此在钢筋施工过程中或钢筋安装质量验收时，一旦发现不合格问题，必须进行整改处理，确保建筑工程的质量和安全。

（一）梁、板、柱主筋施工问题的整改处理

1. 主筋型号问题

1）质量问题
主筋型号与图纸不一致。
2）整改措施
（1）若主筋的牌号低于设计要求牌号，拆除不合格主筋，重新布置主筋。
（2）若主筋牌号高于设计要求，经设计单位认可后可不做处理。

2. 主筋数量问题

1）柱钢筋数量问题
质量检查时若出现柱中部钢筋数量与设计施工图不符合，处理方案有增加钢筋、减少钢筋和调整柱的尺寸等方法，不同施工阶段的处理方式详见表8-8。

主筋数量问题整改处理表　　　　　　　　　　　　　表8-8

序号	质量问题	问题存在时间	整改措施
1	主筋数量不足	钢筋施工过程	增加钢筋数量
		质量验收发现	增加钢筋数量，注意钢筋间距
2	主筋数量过多	钢筋施工过程	抽出多余钢筋
		质量验收发现	抽出或截断去除

（1）增加钢筋

如果柱中部的钢筋数量不足以满足承重要求，可以通过增加钢筋的方式来加强柱的承载能力。增加钢筋需要满足相关的标准和设计要求，同时还要注意钢筋的布置和连接方式等细节。

（2）减少钢筋

如果柱中部的钢筋数量过多，不符合设计和施工要求，可以通过减少钢筋的方式来调整。但是减少钢筋需要谨慎，必须保证柱的承载能力不受影响。

（3）调整柱的尺寸

如果柱中部钢筋数量差距较大，可以考虑对柱的尺寸进行调整。具体做法是根据施工现场的情况和设计要求，重新计算调整后的尺寸和钢筋布置方案，并进行相应的修改和调整。

2）梁钢筋数量问题

整改处理同柱。

3. 主筋间距问题

1）梁、柱主筋间距问题

（1）梁、柱主筋间距过小，若是设计原因导致钢筋间距无法满足最小间距的要求，应及时和设计人员联系，调整钢筋配筋或者调整梁的截面尺寸以满足钢筋最小间距的要求。

（2）梁、柱主筋因排布不均匀造成的间距过大、过小都应该及时进行处理，若误差较小，可采用撬棍调整主筋间距，调整间距后检查钢筋骨架的绑扎牢固程度，检查是否有松扣、脱扣现象，若有应及时进行重新绑扎。

（3）若梁、柱间距误差较大，必须拆除，重新排布后绑扎。

（4）当梁的主筋为双排或多排，出现双排且钢筋间距过小或过大时，现场可用短钢筋头控制钢筋排距，直径不小于梁主筋直径且不小于25mm，长度为梁宽减去保护层厚度。放置在两排主筋之间，短钢筋方向与主筋相垂直。

（5）梁、柱主筋各个施工阶段的问题调整详见表8-9。

主筋间距问题整改处理表   表8-9

序号	质量问题	问题存在时间	整改措施
1	主筋间距不均匀	钢筋施工过程	重新布置钢筋
		质量验收发现	撬棍调整
2	第二排钢筋位置不正确，钢筋排距不满足要求	钢筋施工过程	及时调整
		质量验收发现	撬棍调整、拆除

2）板主筋间距问题

（1）板主筋间距不合格是板主筋质量通病，要严格按照设计施工图要求，调整板钢筋间距。

（2）按照设计要求在模板板面弹钢筋位置控制线，板钢筋按照位置线放置并绑扎牢固。

4. 主筋绑扎牢固程度

1）在检查过程中若发现梁、板、柱主筋有漏绑、脱扣、松扣现象，应及时进行重新补扣处理。

2）若发现主筋的绑扎方式不符合相关绑扎要求，应重新进行绑扎处理。

（二）钢筋网片安装问题的处理方法

图 8-10　钢筋网片实体图

1. 钢筋网片主筋问题

（1）钢筋网主、副筋位置放反，如构件已浇筑混凝土，成型后才发现，必须通过设计单位复核其承载能力，再确定是否采取加固措施或减轻外加荷载。

（2）在验收或施工阶段，应及时调整钢筋网片的正反面，钢筋网片实体如图 8-10所示。

2. 钢筋网片安装问题

质量问题：网片固定方法不当，振捣碰撞，绑扎不牢，被施工人员踩踏等原因造成配有双层钢筋的上部网片向构件截面中部移位（向下沉落）。

1）预防措施

（1）利用一些套箍或各种"马凳"之类支架，将上、下网片相互联系，成为整体。

（2）在板面架设跳板，供施工人员行走（跳板可支于底模或其他物件上，不能直接铺在钢筋网片上）。

2）整改措施

当发现双层网片（实际上是指上层网片）移位情况时，构件已制成，应通过计算确定构件是否报废或降级使用（即降低使用荷载）。

（三）钢筋搭接连接不合格问题的处理方法

1. 钢筋搭接连接不合格

1）质量通病

（1）同一连接区段内纵向受力钢筋接头未相互错开。

（2）纵向受力钢筋接头位置不符合规定。

2）预防措施

（1）认真核实钢筋搭接、锚固等重要翻样尺寸，第一批钢筋加工后，按照交底和翻样单对钢筋下料尺寸进行预检。

（2）同一连接区段内的纵向受拉钢筋接头宜相互错开，同一连接区段长度应符合规定。

（3）钢筋插筋应按照设计位置进行定位放线，插筋固定绑扎后，应由专业质检员按照设计图纸要求进行 100% 验收。

2. 纵向受力钢筋搭接长度不满足要求

搭接长度不满足要求的预防措施是，对于绑扎接头，应每隔一层进行一次连接钢筋实际尺寸的测量和调整，对于搭接长度有少许变化的钢筋则统一调整下料尺寸。

钢筋搭接连接不合格问题的整改措施详见表 8-10。

钢筋搭接连接不合格问题处理方法 表 8-10

序号	质量问题	整改措施
1	同一连接区段内接头位置未错开	拆除、截除后，重新进行钢筋安装施工
2	连接接头位置不符合要求	
3	搭接长度不符合要求	

钢筋工（初级）

钢筋工（中级）

钢筋工（高级）

第九章　施工准备

第一节　作业条件准备

（一）施工现场安全隐患的识别

【小贴士】安全隐患是生产经营单位或施工人员违反安全生产法律、法规、标准、规程、安全生产管理规定等，可能导致不安全事件或事故发生，包括：物的不安全状态、人的不安全行为、管理上的缺陷。物的不安全状态包括：防护、保险、信号等装置缺乏或有缺陷；设备、设施、工具有缺陷等。人的不安全行为分为：操作错误、忽视安全；使用不安全设备；物体存放不当，冒险进入危险场所；机器运转时加油、修理、检查、调整、清扫等工作；忽视使用个人防护用品用具；不安全装束等。管理缺陷包括：责任制未落实；管理规章制度不完善；操作规程不规范；培训制度不完善等。

1. 劳动防护用品佩戴安全隐患识别

进入施工现场应全面做好劳动保护，应正确佩戴安全帽、系好安全带、戴防护手套、穿劳保鞋，如图 9-1 所示。

劳动防护用品隐患识别主要包括以下几个方面：

（1）安全帽：检查安全帽是否老化、破损或人为维修改造，是否符合现行国家标准，是否具有防砸、防穿刺等性能。帽带是否可靠，能否紧固好，是否与帽壳连接牢固，是否正确佩戴。

（2）护目镜：检查护目镜或安全眼镜的透明度，是否有划痕或模糊。检查护目镜的质量和完整性，是否有损坏。检查护目镜的紧固带是否可靠，是否能够固定好。

图 9-1　劳动防护安全用品的佩戴

（3）手套：检查手套的质量和完整性，是否有损坏。根据不同工种选择和佩戴合适的手套。

（4）劳保鞋：检查鞋子的质量，是否有损坏或磨损。根据不同工种选择和穿着合适的鞋子，防止滑倒、夹脚等问题。

（5）工作服：检查工作服或其他身体防护用品是否符合相关标准，是否有损坏或磨损。工作服衣袖不要卷起，不要敞开衣服，扣上扣子和拉上拉链，防止皮肤直接暴露危害。

2. 高处作业安全隐患识别

建筑高空作业的安全隐患主要有高处坠落风险和坠物伤人风险。

1）高处坠落风险

在高空作业中，高处坠落是最常见、最危险的隐患之一。人员从高处坠落可能导致严重的伤害甚至死亡，以下是对高处坠落的安全识别：

（1）检查是否做好"三宝四口"以及临边防护措施：在进行高空作业时，在做好个人安全防护的同时，也应做好四口和临边防护，如围栏、安全网等，这些措施应严密可靠，符合规范要求，如图 9-2 所示。

（2）检查工具和设备：在高空作业之前，对使用的工具和设备进行全面检查，确保其完好无损，防止因工具和设备失效而导致的意外坠落，如图 9-3 所示。

（3）检查是否正确使用安全带：作业人员在高处作业时，应始终佩戴安全带并正确使用，如图 9-4 所示。

图 9-2　高空作业的防护措施

图 9-3　高处作业使用设备检查

图 9-4　高处作业安全带的检查

2）坠物伤人风险

除了高处坠落风险外，高空作业还存在坠物伤人的风险。坠物可能来自于作业人员手中的工具、材料或其他物品。以下是坠物伤人风险的识别：

（1）清理和整理工作区域：在高空作业之前，必须清理和整理作业区域，将杂物、不必要的工具和设备妥善安置。

（2）严禁高空抛物：对于易坠落的工具和材料，应防止其滑落或掉落。对于拆除的脚手架、模板或其他废料应集中吊运，严禁高空抛物，如图9-5所示。

图9-5 防止坠物伤人

3. 用电安全隐患识别

用电是一项特别要注意安全的工作。乡村建设施工现场用电安全隐患有很多，下面介绍其中一些常见的隐患识别。

1）电气设备未定期检查维修

在施工现场，电动工具、电线、插座等电气设备由于长期使用以及外界因素的影响，设备容易出现磨损、老化等问题，如果不及时进行定期检查维修，会增加电气设备故障的发生概率，从而增加事故发生的风险，如图9-6所示。

图9-6 电气设备应定期检查维修

2）现场电线缆走线混乱

施工现场使用大量的电线缆，如果电线缆的走线不规范、混乱，很容易被人或机械绊倒，造成触电、摔伤等事故。另外，电线缆走线混乱也容易导致线缆间发生短路、火灾等危险，如图9-7所示。

图 9-7　电线缆走线混乱

3）带电体外露

在施工现场，有时由于电工安全意识淡薄，接电时电线内芯暴露在外，容易造成火灾或触电等，如图 9-8 所示。

图 9-8　带电体外露的安全隐患

4）一箱多机或一闸多机

同一开关电器直接控制两台或两台以上用电设备，如图 9-9 所示。开关箱一闸多机也会带来潜在的危害，其中包括：电气事故，如果没有正确地隔离电源和设备，操作人员可能会触电，从而导致电气事故的发生；设备故障，一旦其中一个设备出现故障，由于多台设备被控制在一起，可能出现级联故障，导致多个设备损坏。每台机具必须实行"一机一闸一漏一箱"。

4. 施工现场消防安全隐患识别

（1）施工现场易燃可燃材料多，堆放比较混乱。有些工地由于受到场地的制约，房屋、棚屋之间，建筑材料垛与垛之间缺乏必要的防火间距，一旦发生火灾，势必造成极大的损失。

（2）电焊施工无证上岗或不遵守消防安全操作规程。电焊火花很容易引燃施工现场的各种可燃材料，造成火灾。

图 9-9 一箱多机的安全隐患

（3）施工工地临时线路多，拉接不规范，容易漏电。现场施工时，各种电气设备在施工中广泛使用。临时性的电气线路纵横交错，容易跑电或漏电，导致电火花引燃物品，形成火灾。

（4）消防设施存在不足。乡村建设施工场地灭火器也大多未按要求配置，致使发生火灾时，不能及时使用灭火器材。

（5）消防知识缺乏，自防自救能力差。乡村建设工匠未经过消防培训，对消防安全重视程度差，消防安全意识淡薄，对消防知识了解甚少，一旦发生火灾，其自防自救能力差。

（二）电动助力推车的使用

电动助力推车有不上人电动助力车和可上人电动助力车，如图 9-10 和图 9-11 所示。作业人员使用前应认真学习电动助力推车的使用方法、使用注意事项和维护保养要求等内容。

图 9-10 不上人电动助力车

图 9-11 可上人电动助力车

1. 电动助力推车的操作

电动助力推车的操作使用如下：

（1）推车启动：按下启动开关，确保主控制面板上的指示灯亮起，确认电动推车已开启。

（2）推车前进：如图 9-12 所示，推动手柄向前，电动推车将前进，速度可根据需要调节。

（3）推车后退：推动手柄向后，电动推车将后退，速度可根据需要调节。

（4）转向操作：左右转向操作可通过手柄的转向控制实现。向左推动手柄，推车将向左转向；向右推动手柄，推车将向右转向。

（5）紧急停车：如图 9-13 所示，按下手刹，电动推车将立即停止运行。

加力转把

低中高速度挡

高进倒车挡

图 9-12　助力车把手

图 9-13　上部手刹把手

2. 电动助力推车运送材料

施工现场使用电动助力推车运送材料是一种高效的方法，可以提高工作效率并减少人力消耗。以下是一般的运送方法：

（1）准备工作：确保电动助力推车处于良好工作状态，电池电量充足，并且推车上没有杂物。同时，将要运送的材料摆放整齐，易于装载。

（2）装载材料：将要运送的材料按照重量和体积合理摆放在电动助力推车的货箱内，确保重心稳定，可以提高车辆的行驶稳定性。

（3）行驶路线规划：在开始推车运送之前，规划好行驶路线，避开施工现场的障碍物和人群，确保安全行驶。

（4）操作技巧：在推车运送过程中，需要注意操作技巧，特别是在转弯和上坡时要注意车辆稳定，避免材料滑落或推车失控。

（5）注意安全：在施工现场操作电动助力推车时，务必注意安全，穿戴合适的劳动防护装备，遵守施工现场的安全规定，确保自身和他人的安全。

【小贴士】使用电动助力推车运输材料时，要保持车辆的稳定。首先要确保车辆的重心稳定，避免超载或不平衡装载导致车辆倾翻；其次要保持行驶时的速度适中，避免急加速或急刹车。在行驶过程中，要避免坑洼或不平的地面，以免发生意外。乡村建设工匠在使用电动助力推车时要时刻牢记安全第一，保护好自己和他人的安全。

（三）施工现场消防器材摆放位置设定

【小贴士】根据《建设工程施工现场消防安全技术规范》GB 50720—2011规定，乡村建设中下列场所应配置灭火器：① 可燃、易燃物存放及使用场所，如油漆涂料及木工堆场；② 动火作业场所，如木工作业棚及钢筋焊接作业场所；③ 施工现场临时住宿用房；④ 其他有火灾危险的场所。

1. 灭火器的设置

（1）灭火器应设置在明显的、便于取用的地方，且应确保工人在火灾发生时快速找到并正确使用，如图 9-14 和图 9-15 所示。对有视线障碍的灭火器设置点，应设置指示其位置的发光标志。

图 9-14　消防设施区域

图 9-15　警戒区域设置

（2）灭火器的设置不得影响安全疏散，同时便于人员对灭火器进行保养、维护及清洁卫生。

（3）灭火器设置点环境不得对灭火器产生不良影响。

（4）灭火器设置点应便于灭火器的稳固安放。

【小贴士】临时搭设的建筑物区域内每 $100m^2$ 配备 2 只 10L 灭火器。临时木工间、油漆间、木机具间等，每 $25m^2$ 配备一只 10L 灭火器。

2. 施工现场灭火器的摆放

（1）灭火器需放置于灭火器箱内，或设置在挂钩、托架上，顶部距离地面高度应小于 1.5m，底部离地面高度不宜小于 0.08m，周围需清空，予以指示，并标有相应的标示线，如图 9-16 所示。

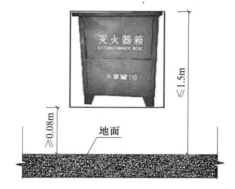

图 9-16 灭火器的摆放位置

（2）灭火器面向外，摆放稳固。

（3）灭火器外观清楚，无灰尘。

（4）灭火器上方须用标识牌标识。标识顶部离地高度大于 1.8m、小于 2.5m 或根据摆放点实际情况设置，要求标识明显易见，指示正确，如图 9-17 所示。

（5）灭火器箱不得上锁。

（6）灭火器摆放在潮湿或强腐蚀性的地点，或灭火器摆放在室外时，应有相应的保护措施。

（7）灭火器等消防设备需定期检查并记录，如图 9-18 所示。

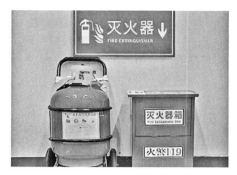

图 9-17　灭火器上方标识牌

图 9-18　灭火器定期检查记录

（四）详图与平面图的对照识别

1. 建筑平面图与详图对照识读

1）建筑详图的索引方法

建筑详图常用的比例为 1∶1、1∶2、1∶5、1∶10、1∶20、1∶50。看详图时应对照平面图进行识别，平面图上往往会标注详图的索引符号。建筑详图必须标出详图符号，应与被索引的图样上的索引符号相对应，在详图符号的右下侧注写比例。详图索引符号见表 9-1，详图符号见表 9-2。

详图索引符号　　　　　　　　　　　　　　　　　　表 9-1

名称	符号	说明
详图的 索引符号	⑤ —— 详图的编号 　— 详图在本张图纸上 —⑤ —— 局部剖面详图的编号 　— 剖面详图在本张图纸上	细实线单圆圈直径应为 10mm、详图在本张图纸上、剖开后从上往下投影
	⑤/④ —— 详图的编号 　　 详图所在的图纸编号 —⑤/④ —— 局部剖面详图的编号 　　 剖面详图所在的图纸编号	详图不在本张图纸上、剖开后从下往上投影

详图符号　　　　　　　　　　　　　　　　　　表 9-2

名称	符号	说明
详图的符号	⑤ —— 详图的编号	粗实线单圆圈直径应为 14mm、被索引的在本张图纸上
	⑤/② —— 详图的编号 　　 被索引的图纸编号	被索引的不在本张图纸上

2）建筑平面图与详图对照识读

建筑平面图主要表示建筑物的平面形状、水平方向各部分（如入口、走廊楼梯、房间、阳台等）的布置和组合关系、门窗位置、墙和柱的布置、其他建筑构配件的位置和大小等，如图9-19所示。

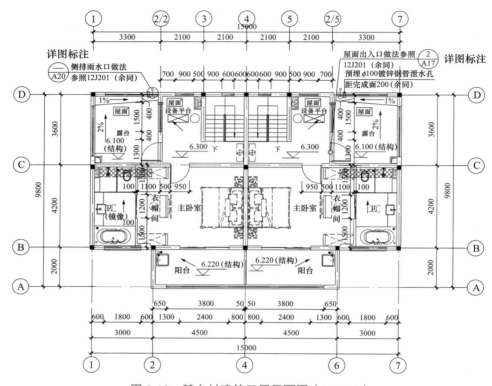

图 9-19　某乡村建筑三层平面图（1：100）

建筑平面图的主要内容：

（1）层次，图名，比例。

（2）纵横定位轴线及其编号。

（3）各房间的组合和分隔，墙、柱的断面形状及尺寸等。

（4）门窗布置及其型号，楼梯的走向和级数。

（5）室内外设备及设施的位置、形状和尺寸。

（6）标注出平面图中应标注的尺寸和标高。

（7）剖切符号，详图索引符号。

（8）施工说明。

2. 结构平面图与详图对照识读

结构平面布置图主要内容如下：

（1）梁、板、柱等结构构件的尺寸、大小、标高以及定位等。

（2）板的配筋。

（3）结构详图索引以及结构详图，如图 9-20 所示。

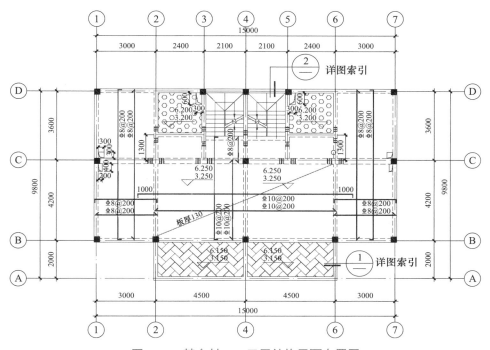

图 9-20　某乡村二～三层结构平面布置图

3. 平面图对照详图案例解读

某农村自建房详图索引案例，如图 9-21 和图 9-22 所示。

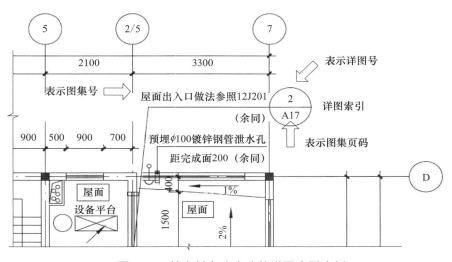

图 9-21　某乡村自建房建筑详图索引案例

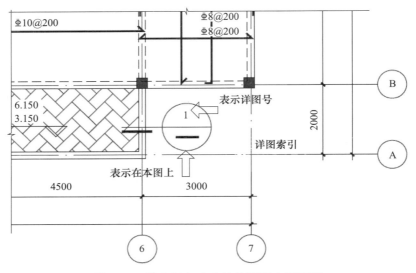

图 9-22　某乡村自建房结构详图索引案例

第二节　材料准备

（一）钢筋外观质量判别

钢筋的外观质量直接影响到其使用效果和建筑的安全性，正确检查和判断钢筋外观质量，及时淘汰有缺陷的钢筋，确保建筑的安全和稳定。

1. 表面质量判别

钢筋表面应该光滑，无锈斑、氧化物和裂纹等缺陷，不应有油污、灰尘等污物。在检查钢筋表面质量时，可以用手触摸或用肉眼观察，以确保表面的平整度和色泽均匀，如图 9-23 所示。

（a）热轧光圆钢筋

（b）热轧带肋钢筋

图 9-23　钢筋表面质量

2. 形状和尺寸质量判别

钢筋截面为正圆形，截面与轴线成直角。检测钢筋的形状和尺寸，可以借助相关的检测工具，如卡尺、千分尺等，对钢筋的直径、长度、弯曲度等进行测量，并与标准进行比较，如图 9-24 所示。

图 9-24　钢筋尺寸的检查

（二）砖和砌块外观质量判别

砖和砌块的外观质量判别包括缺棱掉角检查、裂纹检查、弯曲测定、尺寸测量。

1. 外观质量判别

首先观察砖或砌块表面是否平整，缺棱掉角情况，裂纹开展情况等，如图 9-25 和图 9-26 所示。

图 9-25　水泥砖　　　　　　　　　图 9-26　混凝土小型砌块

2. 规格尺寸检查

测量砖和砌块的尺寸偏差，如图 9-27 所示，长度、宽度在两个大面上的中间处测量，厚度在两个条面和顶面的中间处测量，以毫米为计量单位，不足 1mm 者按 1mm 计算。

图 9-27 测量尺寸

（三）木模板外观质量判别

【小贴士】模板进场验收标准：① 边角整齐，表面平整，无破裂、起皮；② 因装卸造成个别边角出现勒痕，并不影响使用质量，均视为合格；③ 抽取整批数量的 3‰ 中间锯开，无空心、起层，达到 8～9 层均视为合格；④ 厚度以抽查的方式随机抽查，每片的厚度允许误差 ±3mm，或整包量尺，允许误差 ±3cm；⑤ 角要方正，不得出现斜角；⑥ 长宽要达到标准，无长短现象，出现长短，视为不合格。

1. 外观质量判别

外观质量检查主要通过观察检验，观察模板表面是否光滑，四周是否有空隙，以及面皮是否完整。任意部位不得有腐朽、霉斑、鼓泡，不得有板边缺损、起毛。每平方米单板脱胶面积不大于 0.001m^2，每平方米污染面积不大于 0.005m^2。

看纹理。纹理是判断建筑模板好坏的标准，有规则的纹理层次分明、美观大方，说明该建筑模板的板芯用的是一级原材料，尺寸标准、厚薄均匀，做出的产品才能不易变形、断裂，如图 9-28 所示。不要选择那些纹理杂乱无章的建筑模板。

看裂痕。对于轻度裂痕，如产生在纹理之间的这种裂痕影响不大，可以放心使用。而对于那些裂痕都穿透纹理的建筑模板，不建议使用，因为这种裂痕会延伸，会对工程质量造成影响，在选购建筑模板时一定要注意。

图 9-28　木胶合板表面纹理

2. 规格尺寸检查

建筑工地常用的木胶合板规格尺寸一般是 915mm×1830mm 和 1220mm×2440mm，厚度为 14～20mm，模板进场应进行厚度、长宽尺寸、对角线和翘曲度的检查。

厚度检测方法：用钢卷尺或游标卡尺在距板边 24mm 和 50mm 之间测量厚度，测点位于每个角及每个边的中间，长短边分别测 3 点、1 点，取 8 点平均值，如图 9-29 所示。各测点与平均值差为偏差，厚度允许偏差见表 9-3。

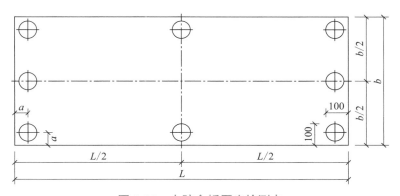

图 9-29　木胶合板厚度检测点

木胶合板厚度允许偏差　　　　　　　　　　表 9-3

公称厚度（mm）	平均厚度与公称厚度间的允许偏差（mm）	每张板内厚度最大允许偏差（mm）
≥ 12～< 15	±0.5	0.8
≥ 15～< 18	±0.6	1.0
≥ 18～< 21	±0.7	1.2
≥ 21～< 24	±0.8	1.4

长、宽检测方法：用钢卷尺在距板边 100mm 处分别测量每张板长、宽各 2 点，取平均值，允许误差 ±3mm。

167

对角线差检测方法：用钢卷尺测量两对角线长度之差，允许误差见表 9-4。

木胶合板两对角线长度之差   表 9-4

胶合板公称长度（mm）	两对角线长度之差（mm）
≤ 1220	3
> 1220～≤ 1830	4
> 1830～≤ 2135	5
> 2135	6

翘曲度检测方法：用钢直尺量对角线长度，并用楔形塞尺（或钢卷尺）量钢直尺与板面间最大弦高，后者与前者的比值为翘曲度，翘曲度限值见表 9-5。

木胶合板翘曲度限值   表 9-5

厚度	等级	
	A 等板	B 等板
12mm 以上	不得超过 0.5%	不得超过 1%

（四）木方外观质量判别

1. 木方表面质量判别

首先看木方表面是否有明显裂痕、虫眼、死结、严重变色等情况，其次看建筑木方的纹理，刚加工好的建筑木方应该有自然的色调，清晰的木纹，而且纹理应当是美观大方，如图 9-30 所示，纹理杂乱无章的建筑木方质量一般较差。

图 9-30　建筑木方

2. 建筑木方尺寸的检查

常用木方的尺寸：厚度和宽度 40mm×70mm、40mm×80mm、50mm×80mm、50mm×90mm、50mm×100mm、100mm×100mm，长度通常是 4m、3m。

厚度和宽度检测：量每根木方两边和中间三个位置的宽、厚尺寸，取平均值为该木方的实际尺寸，如图 9-31 所示。若实际尺寸与订购尺寸相差 8mm 以上，是不合格产品。

木方长度检测：实测长度与订购长度相差 10mm 以上为不合格品。

图 9-31　建筑木方尺寸检测

【挑选木方小贴士】

（1）用手掂：挑选建筑木方的时候需要用手拿一拿，含水量大就重一些。

（2）用眼看：看建筑木方的节疤，节疤多、黑色，证明这根建筑木方就不好。

（3）用力抖：用手拿着木方的一端，用力上下抖动，质量不好的木方一般都容易断。

（4）用手敲：用手敲击建筑木方，如果是质量好、新鲜的木方就会发出清脆的声音，如果是腐朽、旧的木方就会发出比较低沉的暗淡声音。

（5）用钉子钉：干燥的建筑木方钉子很容易钉入，湿度大的木方钉子很难钉入，如图 9-32 所示。

图 9-32　建筑木方握钉力检测

（五）脚手架质量判别

1. 木、竹脚手架进场质量判别

1）竹竿材质质量判别

竹脚手架搭设的主要受力杆件选用生长期三年以上的毛竹或楠竹，竹竿应挺直、质地坚韧，严禁使用弯曲不直、青嫩、枯脆、腐烂、虫蛀及裂纹连通二节以上的竹竿。如用小铁锤锤击竹材，年长者声清脆而高，年幼者声音弱，年长者比年幼者较难锯。材质质量的直观鉴别见表9-6。

竹龄鉴别方法   表 9-6

竹龄\特点	三年以下	三年以上七年以下	七年以上
皮色	下山时呈青色如青菜叶，隔一年呈青白色	下山时呈冬瓜皮色，隔一年呈老黄色或黄色	呈枯黄色，并有黄色斑纹
竹节	单箍突出，无白粉箍	竹节不突出，近节部分凸起呈双箍	竹节间皮上生出白粉
劈开	劈开处发毛，劈成篾条后弯曲	劈开处较老，篾条基本挺直	

竹竿有效部分的小头直径应符合以下规定：横向水平杆不得小于90mm；立杆、顶撑、斜杆不得小于75mm；搁栅、栏杆不得小于60mm；横向水平杆有效部分的小头直径不得小于90mm，60～90mm之间的可双杆合并或单根加密使用。

2）木杆质量鉴别

木脚手架所用木杆应采用剥皮的杉木或其他各种坚韧的硬木，禁止使用杨木、柳木、桦木、椴木、油松和其他腐朽、折裂、枯节、破裂严重和杆头破损等易折木杆。

木杆的小头尺寸要求：立杆和斜杆（包括斜撑、抛撑、剪刀撑）的小头直径不应小于70mm；大横杆、小横杆的小头直径不应小于80mm；直径小于80mm大于70mm的横杆可两根并成一根绑定后使用。

3）绑扎材料质量判别

绑扎材料用竹篾时，竹篾规格应符合表9-7的要求。竹篾使用前应置于清水中浸泡不少于12h，竹篾质地应新鲜、韧性强。严禁使用发霉、虫蛀、断腰、大节疤等竹篾。

竹篾规格   表 9-7

名称	长度（mm）	宽度（mm）	厚度（mm）
毛竹篾	3.5～4.0	20	0.8～1.0
塑料篾	3.5～4.0	10～15	0.8～1.0

绑扎材料采用塑料篾或镀锌钢丝的，必须有出厂合格证和有关力学性能数据。塑料篾进场必须进行抽样检测，在每个批次的绑扎材料中任选 3 件，组成检测样一份，并以同样的方法抽取留样一份备查，检测结果应满足相关规范的规定。钢丝应采用 8 号或 10 号镀锌钢丝，严禁有锈蚀或机械损伤。

4）竹、木脚手板质量判别

（1）竹笆板应符合以下规定：

纵片不得少于 5 道且第一道用双片，横片则一反一正，四边端纵横片交点用钢丝穿过钻孔每道扎牢。竹片厚度不得小于 10mm，竹片宽度可为 30mm。每块竹笆板可沿纵向用钢丝扎两道宽 40mm 双面夹筋。竹笆板长可为 1500～2500mm，宽可为 800～1200mm，长竹笆用作斜道板时，应将横筋作纵筋，如图 9-33 所示。

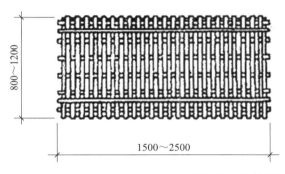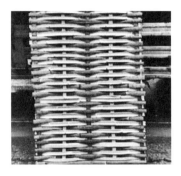

图 9-33　竹笆板

（2）竹串片板应符合以下规定：

竹串片板应采用螺钉穿过并列的竹片拧紧而成，螺钉直径可为 8～10mm，间距可为 500～600mm，螺钉孔直径不得大于 10mm。板的厚度不得小于 50mm，宽度可为 250～300mm，长度可为 2000～3000mm，如图 9-34 所示。

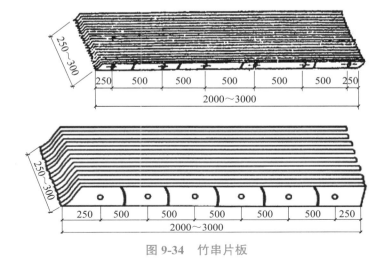

图 9-34　竹串片板

（3）木脚手板质量要求

木脚手板厚度为 50mm，一般允许＋1、−2mm 的误差，宽度为 200～300mm，长度为 2m、3m 和 4m。一般应采用杉木板和落叶松板，每块木脚手板质量不宜大于 30kg。不容许有腐朽、髓心、虫眼等，在连接部位的受剪面及附近不容许有裂缝，木节不得大于所在面宽度的 1/3，1m 长度内斜纹高度不得大于 80mm。

2. 钢管扣件式脚手架进场质量判别

1）新钢管的质量检查

（1）应有产品质量合格证，应有质量检验报告。

（2）钢管表面应平直光滑，不应有裂缝、结疤、分层、硬弯、毛刺、压痕和深的划道。

（3）宜采用 $\phi48.3\times3.6$ 的钢管，钢管外径、壁厚、端面等偏差应分别符合表 9-8 的规定。

（4）钢管应涂有防锈漆。

新钢管尺寸检查   表 9-8

序号	项目	允许偏差 Δ（mm）	抽检数量和示意图	检查工具
1	焊接钢管尺寸（mm）：外径 48.3、壁厚 3.6	±0.5 ±0.36	3%	游标卡尺
2	钢管两端面切斜偏差	1.70		塞尺、拐角尺

2）旧钢管的质量检查

（1）表面锈蚀深度应符合表 9-9 的规定，锈蚀检查应每年进行一次。检查时，应在锈蚀严重的钢管中抽取三根，在每根锈蚀严重的部位横向截断取样检查，当锈蚀深度超过规定值时不得使用。

（2）钢管弯曲变形应符合表 9-9 的规定。

旧钢管的质量检查   表 9-9

序号	项目	允许偏差 Δ（mm）	示意图	检查工具
1	钢管外表面锈蚀深度	$\leqslant 0.18$		游标卡尺

序号	项目	允许偏差 Δ（mm）	示意图	检查工具
2	钢管弯曲 ① 各种杆件钢管的端部弯曲 $l \leqslant 1.5\text{m}$	$\leqslant 5$		钢板尺
	② 立杆钢管弯曲 $3\text{m} < l \leqslant 4\text{m}$ $4\text{m} < l \leqslant 6.5\text{m}$	$\leqslant 12$ $\leqslant 20$		
	③ 水平杆、斜杆的钢管弯曲 $l \leqslant 6.5\text{m}$	$\leqslant 30$	—	

3）扣件质量检查

扣件进入施工现场，应逐个挑选，有裂缝、变形、螺栓出现滑丝的严禁使用。

（1）扣件应有生产许可证、法定检测单位的测试报告和产品质量合格证，见表 9-10。

（2）新、旧扣件均应进行防锈处理。

扣件的质量检查　　　　　　　　　　　　　　　　表 9-10

项目	要求	抽检数量	检查方法
扣件	应有生产许可证、质量检测报告、产品质量合格证、复试报告	《钢管脚手架扣件》GB/T 15831—2023 的规定	检查资料
	不允许有裂缝、变形，螺栓滑丝扣件与钢管接触部位不应有氧化皮；活动部位应能灵活转动，旋转扣件两旋转面间隙应小于 1mm；扣件表面应进行防锈处理	全数	目测

4）可调托撑的检查

（1）应有产品质量合格证，质量检验报告。

（2）可调托撑支托板厚不应小于 5mm，变形不应大于 1mm，见表 9-11。

（3）严禁使用有裂缝的支托板、螺母。

可调托撑的质量检查　　　　　　　　　　　　　　表 9-11

项目	允许偏差 Δ（mm）	示意图	检查工具
可调托撑的支托板变形	1.0		钢板尺、塞尺

（六）管线外观质量判别

1. 电线外观质量判别

一看商品标签。正规厂家生产的电线，每捆的透明包装纸下都会有合格证，合格证上应包括：厂名厂址、认证编号、规格型号、电线长度、额定电压等，如图 9-35 所示。而劣质产品的标签往往印刷不清或印制内容不全。另外，按照国家相关规定，所有电线生产企业必须获得相关部门认证的 CCC 认证标志，并在电线电缆产品上标上 CCC 认证标志。为了确保家庭用电的安全，务必要选择带有 CCC 认证标志的电线电缆。

二看塑料外皮。正规电线的塑料外皮软且平滑，颜色均匀。国家规定电线外皮上一定要印有相关标识，如产品型号、单位名称等，标识间隔不超过 50cm，印字清晰、间隔匀称，如图 9-36 所示。

图 9-35　电线商品标签

图 9-36　电线塑料外皮

三看铜丝。合格铜芯线的铜芯应该是紫红色、有光泽、手感软，如图 9-37 所示。而伪劣的铜芯线铜芯为黑色、偏黄或偏白，稍用力即会折断。检查时，把电线一头剥开 2cm，然后用一张白纸在铜芯上稍微搓一下，如果白纸有黑色物质，说明铜芯里杂质比较多。另外，伪劣电线电缆绝缘层看上去似乎很厚实，实际上大多用再生塑料制成，时间一长，绝缘层会老化而漏电。

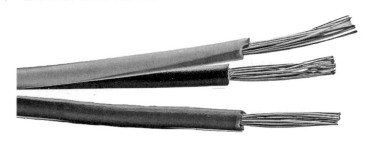

图 9-37　电线铜丝

【小贴士】可取一根电线电缆头用手反复弯曲，凡是手感柔软、抗疲劳强度好、塑料或橡胶手感弹性大且电线电缆绝缘体上无裂痕的就是优等品。

【小贴士】质量好的电线电缆，一般都在规定的重量范围内。如常用的截面面积为 $1.5mm^2$ 的塑料绝缘单股铜芯线，每 100m 重量为 $1.8～1.9kg$；$2.5mm^2$ 的塑料绝缘单股铜芯线，每 100m 重量为 $3～3.1kg$；$4.0mm^2$ 的塑料绝缘单股铜芯线，每 100m 重量为 $4.4～4.6kg$ 等。质量差的电线电缆重量不足，要么长度不够，要么电线电缆铜芯杂质过多。

2. 管材外观质量判别

一看管材外观。看管材的表面是否有气泡、杂质、凹凸不平等缺陷。质量好的管材内外表面都光滑平整，颜色均匀，如图 9-38 所示。优质的管材不会出现爆裂的情况，使用起来才会更加放心。

（a）PVC 管材　　　　　　　（b）PPR 管材

图 9-38　管材外观

二是量管材壁厚。可以用卷尺、卡尺等多种测量工具测量管材壁厚，如图 9-39 所示。优质的管材壁厚均匀，且圆滑统一，而劣质管材则往往管壁较薄，可能会出现爆管的情况。

图 9-39　测量管材壁厚

三是摸管材质感。优质管材摸起来光滑平整，不会出现波浪、节大节小、内壁不均、划痕、坑线等情况，这样的管材使用寿命才会长久。

（七）防水材料外观质量判别

防水材料进场应观察产品的包装和外观。优质防水材料包装整洁、标识清晰，包括产品名称、生产日期、厂家信息等。防水卷材外观应光滑平整，无明显的凹凸不平和色差，无明显的划痕、开裂或破损等缺陷，如图 9-40 所示。

图 9-40　防水卷材外观

【小贴士】闻气味判断防水材料质量。质量好的防水材料应无刺激性气味，且触感细腻、不粘手。劣质防水材料气味刺鼻，甚至可能含有毒物质。

（八）装修材料外观质量判别

1. 饰面砖外观质量判别

饰面砖表面不得有明显的磨痕、裂痕、色差、斑点等，砖面纹理要求清晰自然，边角要求无破损、剥落等。砖面应保持光滑、清晰一致，如图 9-41 所示。如有特殊纹饰，应与同批次产品保持一致。

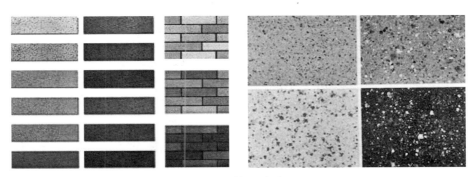

图 9-41　饰面砖外观

外观质量判别包括：表面平整度、色差、砖面纹理、边角完整度等项目检查。

饰面砖的尺寸偏差包括：长度偏差、宽度偏差、厚度偏差等。长度偏差要求在 ±1.5mm 以内，宽度偏差要求在 ±1.5mm 以内，厚度偏差要求在 ±0.5mm 以内。

2. 踢脚线外观质量判别

一看材料的颜色纯正鲜艳程度。好材料的踢脚线是一道工艺加工出来的，颜色一般比较纯，而差的踢脚线颜色就呈暗灰黑色，是由第一道工艺出来的废料加工成的。

二看厚度，看重量，在材料确定可以的情况下踢脚线越厚越耐用。如图 9-42 所示。

图 9-42　踢脚线外观

三看表面，如果是贴皮踢脚线就得看表皮是否起小泡，是否与材料粘得牢固，还得注意表皮是否为好 PVC 皮，有的踢脚线表面贴的是纸。如果表面是刷漆处理的踢脚线，就得注意表面是否有节眼，并看漆的致密程度。

3. 吊顶材料外观质量判别

乡村建设农房的厨房和厕所常用铝扣板吊顶，如图 9-43 所示。铝扣板外观质量判别主要看材质、涂层、覆膜以及工艺。

图 9-43　铝扣板吊顶外观

看材质：不要被扣板厚度误导，重点要看材质，用手抚摸感触扣板质感，是否如丝般顺滑，如有脏点或颗粒，说明是非原生态铝材，环保大打折扣。

看涂层：质量越好的铝材本身附着性就好，所以涂层不需很厚，涂层太厚不环保，同时也不利于体现金属质感。

看覆膜：覆膜扣板是在铝材表面热压一层 PVC 膜，厚度一般在 0.15mm 左右，如果覆膜太厚，说明铝扣板就会更薄，成本低廉。

看工艺：做工精良的铝扣板，无论正面、侧面、背面看，色泽都非常均匀、图案精致。特别要关心扣板背面的涂层处理是否精细。

第三节　施工机具准备

（一）手持电钻的故障识别及维修保养

1. 手持电钻故障识别及排除

手持电钻常见故障识别及排除方法见表 9-12。

手持电钻常见故障识别及排除方法　　　　　表 9-12

故障	产生原因	排除方法
通电后电机不转动	（1）电源断路	（1）修复电源
	（2）接头松脱	（2）检查所有接头
	（3）开关接触不良	（3）修理或更换开关
	（4）电刷与换向器表面不接触	（4）检查电刷位置使其与换向器接触吻合
通电后有异常声音且不能转动或转速很慢	（1）开关触点烧坏	（1）修理或更换开关
	（2）轴向推力过大使电钻超负荷	（2）减小推力
	（3）钻进时，工具被卡住	（3）停止推进或退出工具
	（4）轴承过紧或齿轮折齿	（4）更换轴承或齿轮
	（5）机械传动部分卡住	（5）检查机械部分卡住原因并消除
电机转但转轴不转	（1）钻轴上的键折断	（1）换用新键
	（2）中间齿轴折断	（2）更换中间齿轴
	（3）电枢轴齿部折断	（3）更换电枢
减速箱外壳过度发热	（1）减速箱中缺乏润滑脂或润滑脂变质	（1）清洗后添加或更换润滑脂
	（2）齿轮啮合过紧或齿间有杂物	（2）检查齿轮或清除杂物
电机外壳过热	（1）负荷过大	（1）钻孔进入速度适当减慢
	（2）钻头太钝	（2）磨锐钻头或换用新的
	（3）电钻装配不合理	（3）检查电枢是否卡紧
换向器上产生较大火花	（1）电枢短路	（1）修复电枢
	（2）电刷与换向器接触不良	（2）检查换向器与电刷接触情况
	（3）换向器表面不平或污垢物较多	（3）消除换向器表面上污垢并磨光其表面
夹头松脱或钻头不转	（1）钻轴锥面或钻夹头内锥有污垢物	（1）清除污垢物重新装上
	（2）钻夹头夹持不紧	（2）夹紧钻头

2. 手持电钻的维修保养

1）电动机修理

（1）表现：通电后，电动机无反应，导致手电钻不能正常作业。

维修办法：电动机不能正常作业，应该拆开电钻机身，如图 9-44 所示，查看是否由于保险丝熔断或电源线烧断。如果存在这方面的问题，应该当即替换保险丝或电源线；还有可能是由于电枢绕组或定子绕组的损坏，须替换或修理绕组；还有可能是由于轴承生锈，应为轴承加上润滑油或进行除锈处理。

（2）表现：电动机越转越慢，导致手电钻的冲击力减小，不能正常作业。

维修办法：由于电刷受到严重的磨损所导致的，应该当即进行替换。

（3）表现：电动机作业时噪声过大，电钻不停震颤。

维修办法：由于轴承磨损形成的，这就得对轴承进行替换。

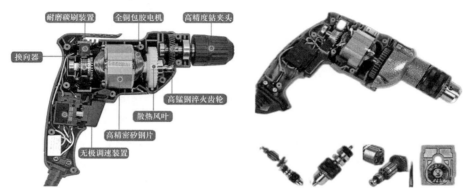

图 9-44　拆开电钻机身

2）电枢绕组的修理

电枢绕组是手电钻中适当重要的组件，如图 9-45 所示，它的损坏会导致手电钻无法进行正常作业。常见的问题有电枢绕组的短路与断路。

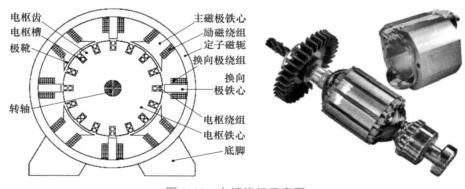

图 9-45　电枢绕组示意图

（1）电枢绕组短路：由于电枢绕组线圈中相邻线圈之间的绝缘表层损坏，导致线圈不能通电，影响正常作业。因此在发现线圈有损坏或线匝的表层绝缘原料有损坏时，应该及时替换线圈，以保证电枢绕组正常作业。

（2）电枢绕组断路：可以用全能测量表进行检测，如果两个换向器之间的电阻值大于正常的参数值，那么这两个换向器之间的线圈必定存在断路，应该当即对这之间的线圈进行替换。

3）手持电钻的保养

（1）经常检查钻头和螺丝刀头：发现钻头磨损时应更换或重新磨锋利。若使用尖端磨损或断裂的钻头，将滑脱而导致危险，所以换用新的。

（2）检查安装螺钉：要经常检查安装螺钉是否紧固妥善，若发现螺钉松了，应立即重新扭紧，否则会发生严重的事故。

（3）定期拆开机身，清洁转子，把转子前的螺旋齿轴抹干净，把壳体内部的油污清抹干净，把钻夹头杆上的斜齿轮和两端轴承（或轴套）清抹干净，最后按照原样装回，将润滑脂加在齿轮副和轴承之间。

（二）无齿锯的故障识别及维修保养

无齿锯常见故障包括锯刃裂纹、锯齿生锈和锯齿卡住现象等。通过更换锯刃、保养锯齿、选择合适的锯齿类型、注意工作负荷和使用适当的助力工具等方式，可以有效排除无齿锯的故障，保证无齿锯的正常使用。

1. 无齿锯常见故障识别

1）锯刃出现裂纹或磨损

当锯刃出现裂纹或磨损时，会导致无齿锯的锯齿不够锋利，影响锯齿的切割效果。造成这种情况的原因可能是锯齿使用时间过长，或者使用不当。

2）锯齿生锈

由于无齿锯经常接触水分和空气，锯齿容易因为生锈而影响锯齿的使用效果。

3）锯齿产生卡住现象

使用无齿锯时，有时锯齿可能会被切割材料卡住，导致无法正常工作。这种故障可能是由于木材太硬或者锯齿积尘等原因造成的。

2. 无齿锯的维修保养

1）更换锯刃

如果发现锯刃裂纹严重或者磨损较大，应该及时更换锯刃。

2）保养锯齿

定期清洗锯齿，涂抹油脂，可以有效延长锯齿的使用寿命，避免锯齿出现生锈等问题。

3）选择合适的锯齿类型

如果锯齿经常卡顿或者效果不佳，可以尝试更换适合于切割材料类型的锯齿，以提高工作效率。

4）注意工作负荷

避免超负荷使用无齿锯，尽量避免在切割材料太硬的情况下使用，以避免出现卡顿等故障。

（三）钢筋调直机的故障识别及维修保养

1. 钢筋调直机的常见故障识别

1）机器启动不了

（1）电源接触不良：首先检查电源接线端是否接触良好，若确认连接紧密，再检查供电电源是否正常。

（2）保险丝烧坏：检查保险丝是否烧坏，如烧坏须更换新的保险丝。

（3）机器线路或插头问题：检查机器线路和插头是否存在故障，如有故障须更换。

2）调直效果不佳

（1）调直轮偏移：情况较为严重时，须调整调直轮位置，将其偏移角度调整到正常位置。

（2）钢筋卡死：检查钢筋走动是否畅通，如有卡顿现象，需要进行清理维修。

（3）调直轮磨损：检查调整轮是否损坏，如损坏须更换新的调整轮。

3）电路故障

（1）电路板故障：检查电路板是否存在线路短路或损坏现象，如有故障需要修复或更换。

（2）压缩机故障：检查压缩机是否正常，如存在故障则须更换压缩机或进行修复。

4）机器油泵故障

（1）油泵故障：检查油泵是否正常工作，如存在故障则须进行修复或更换。

（2）油压过低：检查油泵压力是否正常，如油泵压力过低需要进行维护和清洗。

钢筋调直机常见故障可能会影响到钢筋加工的效率，针对这些故障需要及时处理和维修，保障钢筋调直机正常工作。

2. 钢筋调直机的维修保养

（1）设备外观和结构的检查。检查设备是否有明显的变形、损坏、锈蚀等情况，检查是否有松动的螺栓、螺母，以及设备的固定和支撑是否稳固。

（2）电气部件和连接线路的检查。检查电气系统接地是否良好，电气连接线路是否接触良好，电气元件是否工作正常，以及电气线路是否有老化和磨损的情况。

（3）润滑油和润滑部件的保养。包括检查润滑油的添加和更换情况，润滑部件的清洁和涂油情况，以及润滑系统的工作状态和泄漏情况。

（4）机器运行参数的检测和调整。包括检测直径调整装置的工作情况，调整直径的准确性，以及调整装置的灵敏度和稳定性。

（5）安全措施的检查和落实。包括检查是否有明显的安全隐患，是否有完善的警示标志和安全防护装置，以及个人防护措施是否到位。

钢筋调直机的维修保养不仅仅是为了保证设备的正常运行，更是为了保障施工人员的安全和施工质量。

（四）钢筋弯曲机的故障识别及维修保养

1. 钢筋弯曲机常见故障识别

1）钢筋出现折断现象

（1）原因：弯曲角度过大，工作台调整不当，弯曲机偏转度不一致等。

（2）处理方法：调整弯曲角度和工作台位置，调整弯曲机偏转度或更换配件等。

2）弯曲过程中卡住不动

（1）原因：弯曲机刀具磨损、断裂，刀模间隙过小等。

（2）处理方法：更换刀具或调整刀模间隙。

3）弯曲机手臂移动不灵活或不正常

（1）原因：手臂松动，皮带松动，电机故障等。

（2）处理方法：紧固手臂或更换手臂配件，调整皮带松紧和更换电机。

4）弯曲机工作轴卡住或不转动

（1）原因：轴承润滑不足，轴承损坏等。

（2）处理方法：增加润滑或更换轴承。

5）机器不稳定

处理方法：检查机器底座和四轮螺栓是否松动，及时使用扳手将其固定；检查机器液压油箱油量是否充足；在机器不稳定的地方加垫高密度泡沫胶垫片或者铁垫片，增加机器的稳定性。

6）弯曲角度不准确

处理方法：检查机器刀片是否松动或者磨损；调整夹具和刀具位置，根据需要进行微调；切换到其他角度后，再返回需要的角度进行操作。

7）弯曲力度不够

处理方法：检查液压系统是否正常；检查钢筋是否正常放置，是否符合规定的材料；检查夹具的夹紧程度。

2. 钢筋弯曲机的维修保养

1）清洁和润滑

定期清除钢筋弯曲机表面的灰尘和杂物；使用适当的清洁剂和软布清洁机器的外壳；检查润滑部件，如滚轴、链条等，确保润滑油充足并正常工作。

2）检查和修理

定期检查电线、插头等电气部件，确保无暴露的电线和短路风险；注意观察机器运行中的异常声音、振动或其他问题，并及时采取措施予以解决；如发现需要修理的情况，及时联系专业技术人员进行维修。

3）检验和校准

定期进行设备的检验和校准工作，检查钢筋弯曲机的操作准确性和稳定性，确保其在使用过程中输出的产品符合要求。

4）安全措施

每次使用前，确保所有安全设备和保护装置正常运行；维护完毕后，切勿忘记关闭电源并将钢筋弯曲机放置在适当的位置。

第十章　测量放线

第一节　测量

（一）建筑物垂直度的测量

乡村建筑物一般不超过 3 层，在建筑施工过程中及竣工验收前，为保证建筑上部结构或墙面、柱等与地面垂直，需要进行建筑物垂直度观测，一般是用铅锤或激光水平仪来测量建筑物的垂直度。

1. 铅锤测量垂直度

如图 10-1 所示，当建筑上部结构或墙面施工到一定高度后，采用吊锤球法测量垂直度，操作人员可手持铅锤线一端，让铅锤自然下垂，操作人员面向墙面，观察墙角线与铅锤连接线是否重合，若重合，则墙面垂直；若不重合，则墙面有倾斜。此时，可以用尺子分别量取墙面下部、中部、上部铅锤连接线与墙面的距离，记录并与标准对比。

图 10-1　铅锤观测法

也可使用铅锤配合铝合金靠尺进行观测，使用时，让靠尺紧贴墙面，观察（读取）铅锤连接线偏移的距离，如图 10-2（a）所示。当铅锤连接线偏移铝合金靠尺中心红线时，如图 10-2（b）所示，说明墙面有倾斜，可使用塞尺测量倾斜大小，观察铝合金靠尺与墙面最大缝隙，放入塞尺，进行测量，如图 10-2（c）所示。

（a）靠尺紧贴墙面　　　（b）铅锤连接线偏移靠尺中心红线　　　（c）塞尺进行测量

图 10-2　铅锤、铝合金靠尺观测法

2. 激光水平仪测量垂直度

激光水平仪观测与铅锤观测类似，方法为将激光水平仪放置在操作人员所在墙面下，整平，打开竖向激光，底部对准墙角外边线，眼睛观察墙面外边线与激光是否重合，若重合，则墙面垂直；若不重合，则墙面倾斜。此时，可以用钢卷尺分别量取墙面下部和上部激光与墙面的距离，记录并与标准对比。

（二）室外道路、构筑物、景观测量定位

室外道路、构筑物、景观测量定位可采用直角坐标法。

1. 建立平面控制坐标系

建立平面控制坐标系是测量定位的前提，条件允许的情况下，应建立大地坐标系，若条件不具备，可建立独立平面直角坐标系。

如图 10-3 所示，在靠近室外道路、构筑物、景观处，选择合适位置，钉木桩，桩顶部钉钢钉或用铅笔划十字记为点 A，用卷尺沿着靠近室外道路、构筑物、景观位置拉出固定距离（假定为 50m），钉木桩，桩顶部钉钢钉或用铅笔划十字记为点 B。可以设计 A 点、B 点分别为（1000，1000）、（1000，1050）。此时，完成坐标系建立。

2. 室外道路、构筑物、景观测量定位工作

对室外道路、构筑物、景观等进行点线面简化处理，可以理解为均由特征点构成。室外道路直线段由起点、始点两点构成，弯道段一般由三个点构成；构筑物选取角点；如果是独立景观，如独立树，以单点表示，林地、果园、草地、苗圃等有范围的景观，以连续曲线勾绘，再选择曲线上特征点。

如图 10-3 所示，以 AB 方向为 X 轴，找出 1 号特征点在 AB 连线上的垂足，用卷尺量出垂距 X1、Y1，则可以定出 1 号特征点。同理，确定其他点位。

最后，将所有点按照一定比例尺展绘到坐标方格纸上，完成图纸，如图 10-4 所示。

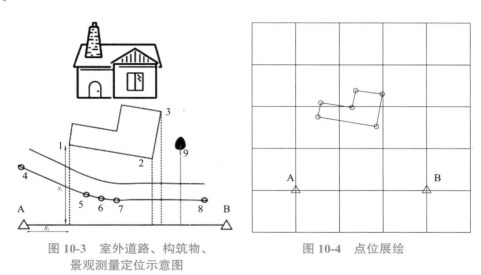

图 10-3　室外道路、构筑物、　　　　　图 10-4　点位展绘
景观测量定位示意图

第二节　放线

农房建设时，应根据设计图纸在实地放线，具体包括水准点引测和建筑物基坑边线、轴网控制线引测。

（一）水准点引测

根据乡村建设实际，施工场区的地坪标高一般与相邻建筑物标高一致，水准点引测一般有水准测量法和水平管测量法两种方法。

1. 水准测量

测设已知高程，是利用水准测量的方法，根据已知水准点，将设计高程测设到现场作业面上。在建筑设计和建筑施工中，为了计算方便，一般把建筑物的室内地坪用 ±0.000 表示，基础、门窗等标高都是以 ±0.000 为依据确定的。

如图 10-5 所示，某建筑物的室内地坪设计高程为 25.000m，附近有一水准点 A_1，其高程为 $H_1 = 24.110m$。现在要求把该建筑物的室内地坪高程测设到木桩上，作为施工时控制高程的依据。

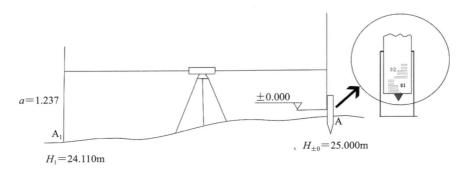

图 10-5 地面上测设已知高程

测设方法如下：

（1）在水准点 A_1 和木桩之间安置水准仪，在 A_1 点立水准尺，用水准仪的水平视线测得后视读数 a 为 1.237m，此时视线高程为：

$$H_i = H_1 + a = 24.110 + 1.237 = 25.347m \qquad (10\text{-}1)$$

（2）计算 A 点水准尺尺底为室内地坪高程时的前视读数：

$$b = H_i - H_{设} = 25.347 - 25.000 = 0.347m \qquad (10\text{-}2)$$

（3）上下移动竖立在木桩侧面的水准尺，直至水准仪的水平视线在尺上截取的读数为 0.347m 时，紧靠尺底在木桩上画一水平线，其高程即为 25.000m。

（4）为了醒目，通常在横线下用红油漆画"▼"，若该点为室内地坪，则在横线上注明 ±0.000。

2. 水平管测量

取一段长为 5～10m 的透明水管（直径 10mm），利用连通器的原理，连通器的两端都是敞口，两端水位是一样的高度。如图 10-6 所示，在相邻建筑物外墙用铅笔做一记号，用钢卷尺量取此记号与此建筑物地坪垂直距离 S。然后，将加入水的透明水管一端贴近记号 A 处，另一端贴近在建墙体 B，慢慢动作提升或者下降 A 处水管，当 A 处水位线与记号平齐，水位线稳定不变，用铅笔在墙体 B 处对齐水管水位线画横线，此线高度与 A 处高度相等。再用钢卷尺量向下取 S 距离，即为地坪位置。注意，水管中不能有气泡，否则影响测量结果。

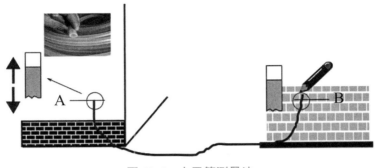

图 10-6　水平管测量法

（二）建筑物基坑边线、轴网控制线引测

建筑物基坑边线、轴网控制线引测属于建筑物的放线内容，如图 10-7 所示，程序为：根据图纸标定左上角 C_1 点和通过 C_1 点的竖向轴线，利用直角尺或勾股定律确定通过 C_1 点的横向轴线。然后详细测设其他各轴线交点的位置，并将其延长到安全的地方做好标志。基坑边线以细部轴线为依据，按照开挖尺寸用白灰撒出建筑物基坑开挖边线。具体放样方法如下：

1. 测设细部轴线交点

如图 10-7 所示，A 轴、C 轴、①轴和⑤轴是四条建筑物的外墙主轴线，其轴线交点 A_1、A_5、C_1 和 C_5 是建筑物的定位点。

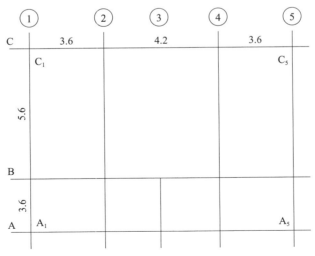

图 10-7　测设细部轴线交点

189

1）定向

某农房长宽主轴线尺寸是 11.4m×9.2m，如图 10-8 所示，在 C_1 处钉木桩，沿着 C_1A_1 方向（此方向大致与审批红线边线或原有宅基地边线平行），使用钢卷尺量取 9.2m，钉木桩即为 A_1。C_1 桩顶部钉钢钉或用铅笔划十字记为点 C_1，以钢钉处为起点，沿着 C_1A_1 方向量取 3m，钉木桩，上面钉钢钉或用铅笔划十字，记为点 D；再按照同样方法，沿着 C_1C_5 方向（此方向大致与审批红线边线或原有宅基地边线平行），以点 C_1 为起点，固定距离（此时设置钢卷尺长度为 4m）为半径，在 C_1C_5 方向用铅笔画圆弧（地面可放置一块砖或者木板，圆弧在其上绘制），再按照同样方法，以点 D 为起点，固定距离（此时设置钢卷尺长度为 5m）为半径，在 C_1C_5 方向画圆弧，两圆弧交点即为 F 点，此时即确定 C_1C_5 方向，与 C_1A_1 方向垂直。从 C_1 处拉细绳，使细绳严格经过 F 点，C_1C_5 距离为 11.4m，即确定 C_5 位置。按照确定点 C_5 的方法，利用钢卷尺量距离，确定点 A_5 和剩下的轴线控制桩。最后，利用细绳将建筑物四个角点连接起来。

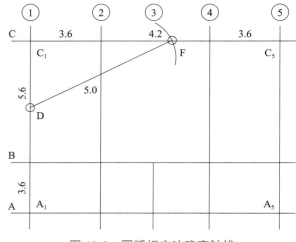

图 10-8　圆弧相交法确定轴线

2）定交点

当轴线控制桩已在地面上测设完毕，即可测设次要轴线与主轴线的交点。依然按照量距离方法定位交点。各细部轴线点测设完成后，应在测设位置打木桩（桩上钉小钉），这种桩称为中心桩。测设完最后一个交点后，用钢尺检查各相邻轴线桩的间距是否等于设计值，相对误差不应超过规范要求。

2. 建筑物基坑边线引测

如图 10-9 所示，先按基础剖面图给出的设计尺寸计算基槽的开挖宽度 d。

$$d = b_1 + 2(c + b_2) \tag{10-3}$$

$$b_2 = pH \tag{10-4}$$

式中，b_1 为基底宽度，可由基础剖面图中查取，c 为施工工作面宽度，H 为基槽深度，p 为边坡坡度的分母，b_2 为边坡坡度计算出的水平距离。根据计算结果，在地面上以轴线为中线往两边各量出 $d/2$，拉线并撒上白灰，即为开挖边线。如果是基坑开挖，则只需按最外围墙体基础的宽度、深度及放坡确定开挖边线。乡村建筑开挖边线也可按照以轴线为中心线，两边扩宽 0.4～0.5m 放线，撒白石灰，确定建筑物基坑边线，见图 10-10。

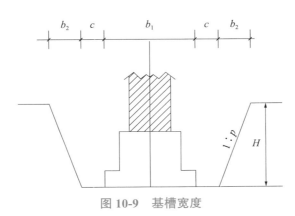

图 10-9　基槽宽度

图 10-10　基坑槽开挖

3. 轴网控制线引测

本书第六章第二节（四）建筑物各层轴线、控制线的引测已经介绍了外吊锤球法和经纬仪法引测轴网控制线。这里主要介绍轴线控制点的设置以及内部吊线坠法和激光铅垂仪法引测轴线控制网。

1）轴线控制点的设置

在基础施工完毕后，在 ±0.000 首层平面上适当位置设置与轴线平行的辅助轴线。辅助轴线距轴线 500～800mm 为宜，并在辅助轴线交点或端点处埋设标志，如图 10-11 所示。以后在各层楼板位置上相应预留 200mm×200mm 的传递孔，在轴线控制点上直接采用吊线坠法或激光铅垂仪法，通过预留孔将其点位垂直投测到任一楼层。

2）吊线坠法

吊线坠法是利用钢丝悬挂重锤球的方法进行轴线竖向投测。锤球的重量为10～20kg，钢丝的直径为0.5～0.8mm。投测方法如下：

如图10-12所示，在预留孔上面安置十字架，挂上锤球，对准首层预埋标志。当锤球线静止时，固定十字架，并在预留孔四周作出标记，作为以后恢复轴线及放样的依据。此时，十字架中心即为轴线控制点在该楼面上的投测点。

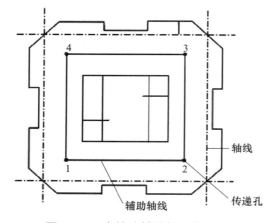

图10-11　内控法轴线控制点设置

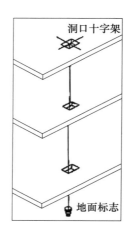

图10-12　吊线坠法投测轴线

【小贴士】用吊线坠法实测时，要采取一些必要措施减少摆动，如用铅直的塑料管套着坠线或将锤球沉浸于水（或油）中。

3）激光铅垂仪法

激光铅垂仪上设置有两个互成90°的管水准器，并配有专用激光电源。如图10-13所示。

激光铅垂仪投测轴线示意如图10-14所示，其投测方法如下：

（1）在首层轴线控制点上安置激光铅垂仪，利用激光器底端（全反射棱镜端）所发射的激光束进行对中，通过调节基座整平螺旋，使管水准器气泡严格居中。

（2）在上层施工楼面预留孔处，放置接收靶。

（3）接通激光电源，启动激光器发射铅直激光束，通过发射望远镜调焦，使激光束会聚成红色耀目光斑，投射到接收靶上。

（4）移动接收靶，使靶心与红色光斑重合，固定接收靶，并在预留孔四周作出标记，此时，靶心位置即为轴线控制点在该楼面上的投测点。

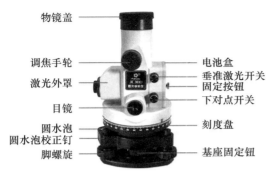

物镜盖

调焦手轮　　　　　　　电池盒
激光外罩　　　　　　　垂准激光开关
　　　　　　　　　　　固定按钮
目镜　　　　　　　　　下对点开关

圆水泡　　　　　　　　刻度盘
圆水泡校正钉
脚螺旋　　　　　　　　基座固定钮

图 10-13　激光铅垂仪

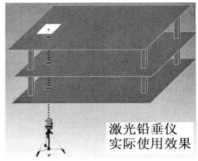

激光铅垂仪
实际使用效果

图 10-14　激光铅垂仪投测轴线

第十一章　钢筋工程施工

第一节　钢筋加工制作

【小贴士】钢筋配料单是钢筋加工的依据，钢筋配料单的编制质量直接影响钢筋加工速度和加工质量，其中钢筋下料长度计算是钢筋配料单的核心内容。构件中的钢筋，因弯曲会使长度发生变化，所以配料时不能根据配筋图尺寸直接下料，必须根据各种构件的混凝土保护层和钢筋弯曲、搭接、弯钩等规定，结合所掌握的一些计算方法，再根据图中尺寸计算出下料长度。

1. 常用钢筋下料长度计算公式

（1）直钢筋下料长度＝构件长度－保护层厚度＋弯钩增加长度－弯曲调整值。

（2）弯起钢筋下料长度＝直段长度＋斜段长度＋弯钩增加长度－弯曲调整值。

（3）箍筋下料长度＝直段长度＋弯钩增加长度－弯曲调整值。

（4）其他类型钢筋下料长度。曲线钢筋（环形钢筋、螺旋箍筋、抛物线钢筋等）下料长度的计算公式为：下料长度＝钢筋长度计算值＋弯钩增加长度。

上述钢筋需要搭接的话，还应加上钢筋搭接长度。

2. 弯钩增加长度计算

钢筋的弯钩通常有三种形式，即半圆弯钩、直弯钩和斜弯钩。半圆弯钩是常用的一种弯钩，斜弯钩仅用在直径 12mm 以下的受拉主筋和箍筋中。

钢筋弯钩增加长度，按图 11-1 所示的计算简图（弯心直径为 $2.5d$，平直部分长度为 $3d$）计算，其计算值为：半圆弯钩为 $6.25d$，直弯钩为 $3.5d$，斜弯钩为 $4.9d$。计算公式如下：

（1）半圆弯钩增加长度：$3d + 3.5d\pi/2 - 2.25d = 6.25d$

（2）直弯钩增加长度：$3d + 3.5d\pi/4 - 2.25d = 3.5d$

（3）斜弯钩增加长度：$3d + 1.53 \times 3.5d\pi/4 - 2.25d = 4.9d$

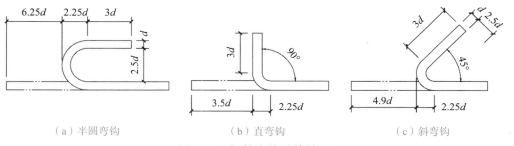

| （a）半圆弯钩 | （b）直弯钩 | （c）斜弯钩 |

图 11-1　钢筋弯钩计算简图

在生产实践中，由于实际弯心直径与理论弯心直径有时不一致，钢筋粗细和机具条件不同等会影响平直部分的长短（手工弯钩时平直部分可适当加长，机械弯钩时可适当缩短），因此在实际配料计算时，对弯钩增加长度常根据具体条件，采用经验数据，见表 11-1。

半圆弯钩增加长度参考表（机械弯）（单位：mm）　表 11-1

钢筋直径	≤ 6	8～10	12～18	20～28	32～36
一个弯钩	40	6d	5.5d	5d	4.5d

3. 弯曲调整值

弯曲钢筋时，里侧缩短，外侧伸长，轴线长度不变，因弯曲处形成圆弧，而量尺寸又是沿直线量外包尺寸，因此弯曲钢筋的量度尺寸大于下料尺寸，两者之间的差值，叫作弯曲调整值。钢筋弯曲调整值见表 11-2。

钢筋弯曲调整值　表 11-2

钢筋弯曲角度	30°	45°	60°	90°	135°
钢筋弯曲调整值	0.35d	0.5d	0.85d	2d	2.5d

4. 弯起钢筋斜长

斜长计算如图 11-2 所示，斜长系数见表 11-3。

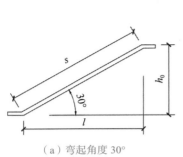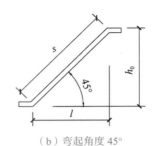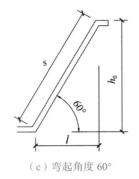

（a）弯起角度 30°　　　　　（b）弯起角度 45°　　　　　（c）弯起角度 60°

图 11-2　钢筋弯钩计算简图

弯起钢筋斜长计算系数表　　　　　　　　　　表 11-3

钢筋弯曲角度	30°	45°	60°
斜边长度 s	$2h_0$	$1.414h_0$	$1.155h_0$
底边长度 l	$1.732h_0$	h_0	$0.575h_0$
增加长度（$s-l$）	$0.268h_0$	$0.41h_0$	$0.5852h_0$

5. 箍筋调整值

箍筋调整值是弯钩增加长度和弯曲调整值之和或差，根据箍筋外包尺寸或内皮尺寸而定，箍筋量度方法如图 11-3 所示，箍筋调整值见表 11-4。

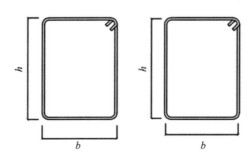

（a）量外包尺寸　　　　（b）量内皮尺寸

图 11-3　箍筋量度办法

箍筋调整值（单位：mm）　　　　　　　　表 11-4

箍筋量度方法	箍筋直径			
	4～5	6	8	10～12
量外包尺寸	40	50	60	70
量内皮尺寸	80	100	120	150～170

【拓展知识】变截面构件箍筋下料长度：

每根钢筋的长短差设为$\varDelta$，则计算公式为式（11-1）或式（11-2）：

$$\varDelta = (h_a - h_c) / (n - 1) \qquad (11\text{-}1)$$

$$\varDelta = (h_a - h_c) / (l/a - 1) \qquad (11\text{-}2)$$

式中：h_a——箍筋最大高度，mm；

　　　h_c——箍筋最小高度，mm；

　　　l——构件长度，mm；

　　　n——箍筋个数，$n = s/a + 1$，s为最高箍筋与最低箍筋之间的总距离，mm；

　　　a——箍筋间距，mm。

（一）钢筋配料单的编制

1. 编制钢筋配料单流程

钢筋配料是钢筋加工前根据结构施工图，将构件中各个编号的钢筋，分别计算出钢筋切断时的直线长度（简称为下料长度），统计出每个构件中钢筋的种类、根数、重量，编制配料单，以便进行钢筋的备料和加工。钢筋配料单的编制流程如下：

（1）熟悉结构施工图中钢筋的品种、规格，并列成钢筋明细表，读出钢筋设计尺寸。

（2）计算钢筋的下料长度。

（3）根据钢筋下料长度编制钢筋配料单，并汇总。在配料单中要列出工程名称、钢筋编号、钢筋简图和尺寸、钢筋直径、下料长度、根数、质量等。

（4）根据钢筋配料单，将每一编号的钢筋制作一块料牌，作为钢筋加工的依据，如图 11-4 所示。

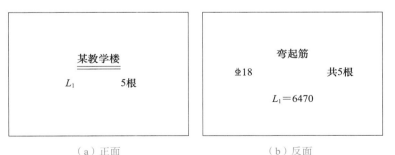

（a）正面　　　　　　　　　　　　　　（b）反面

图 11-4　钢筋料牌

2. 编制钢筋配料注意事项

钢筋配料单的编制是一个细致且复杂的过程，要确保配料单的准确性和优化性，并始终遵守相关的行业标准和规范。编制钢筋配料单应注意以下事项：

（1）读图的准确性：确保对结构设计图纸的理解和解读是正确的，包括构件的尺寸、受力状态以及布置要求等。

（2）质量控制：在编制配料单的过程中，要及时进行核对和复核，避免出现错误或遗漏。

（3）与其他施工工程的协调：钢筋配料单需要与其他施工工程的进度和要求进行协调，确保在施工过程中能够顺利安排和使用所需的钢筋材料。

（4）过量配料和浪费：在编制钢筋配料单时，应尽量避免过量配料和浪费。过量配料会增加成本，造成不必要的浪费。

（5）施工工艺和布置要求：在编制配料单时，应考虑施工工艺和布置要求。钢筋的安装和连接方式，以及构件之间的相互作用，都需要在配料单中做出相应的调整和注明。

（6）及时更新和调整：在施工过程中，可能会出现一些变更或调整需求。因此，需要及时更新和调整钢筋配料单，并与相关人员进行沟通和确认。

（7）审查和验收：在配料单完成后，进行审查和验收是必要的。将配料单交由专业人员进行审查，并在实际施工中进行验收，以确保配料单的准确性和可行性。

（二）钢筋直螺纹套丝的制作方法

钢筋直螺纹连接具有技术先进、质量保证、经济合理、操作简便、安全适用、不污染环境等特点，其接头的抗拉强度均不小于被连接钢筋抗拉强度标准值，并具有高延性及反复拉压性能（图 11-5）。

1. 钢筋直螺纹套丝施工准备

1）技术准备

（1）熟悉施工图纸，学习有关规范、规程，按规范要求编制钢筋施工方案。

（2）组织工匠学习直螺纹接头的工艺操作、钢筋加工等施工工艺标准。

（3）检查设备及材料的厂家提供的接头型式检验报告是否符合要求，在正式施工前，完成工艺检验评定；施工过程中，更换钢筋生产厂时，应补充进行工艺检验。

2）材料准备

（1）钢筋的品种、级别、规格和质量应符合设计要求。钢筋应平直、无损伤，表面不得有裂纹、油污、颗粒状或片状老锈，如图 11-6 所示。

（2）钢筋进场取样试验合格后方可进行加工。当加工过程中发生脆断等特殊情况，还需做化学成分检验。

（3）钢筋直径偏差必须在允许范围内，若有过大的偏差，会造成剥肋后直径偏小或不圆整，易出现加工的丝头有秃牙、断牙现象，影响接头的强度。

（4）按设计要求检查已加工好的钢筋规格、形状、数量是否全部正确。

图 11-5　钢筋直螺纹连接　　　　　　　图 11-6　钢筋加工前堆放

3）机械设备准备

（1）套丝的主要机械设备是钢筋直螺纹剥肋滚轧套丝机，如图 11-7（a）所示，此外还需要砂轮切割机、角向磨光机、专业扳手或管钳、力矩扳手、卡尺、环规等辅助工具，具体设备数量依据现场实际情况确定。

（2）施工前，确保所有机械设备应安装完毕并调试正常，机械设备的安全防护装置齐全并工作正常。

（a）直螺纹剥肋滚轧套丝机　　　　（b）砂轮切割机　　　　（c）砂轮打磨机　　　　（d）环规

图 11-7　钢筋直螺纹套丝工具

4）现场准备

施工现场机械加工区应布设足够的临时照明，张贴套丝操作规程和安全注意事项，施工区域进行规范的安全维护，在套丝过程中严禁无关人员进入。

2. 钢筋直螺纹套丝工艺流程

钢筋直螺纹套丝工艺流程分五步，具体施工流程如图 11-8 所示。

```
端部整平  →  钢筋螺纹加工  →  打磨螺纹头  →  检验螺纹  →  成品保护
```

图 11-8　钢筋直螺纹套丝工艺流程

3. 钢筋直螺纹套丝施工要点

1）端部整平

对于钢筋端部不直的部分，要进行切割，如图 11-9 所示。切割工具采用砂轮圆盘锯，切割的时候，注意保持砂轮盘与钢筋中心线垂直，切割后截面如图 11-10 所示。

图 11-9　砂轮圆盘锯切割钢筋端部　　　　图 11-10　钢筋切割后

2）钢筋螺纹加工

（1）钢筋螺纹头加工完成后，不完整螺纹不能超过两圈，钢筋螺纹加工如图 11-11 和图 11-12 所示。

（2）钢筋螺纹头加工时严禁采用油性润滑液，可以采用水溶性润滑液。

图 11-11　钢筋螺纹头加工　　　　图 11-12　剥肋滚压丝头

3）打磨螺纹头

采用砂轮机，打磨时注意保持平整，如图 11-13 和图 11-14 所示。

4）检验螺纹

采用的工具为专用的环规，主要分通规和止规，通规能平顺地转入螺纹，止规转入不能超过 3 螺纹，如图 11-15 和图 11-16 所示。

图 11-13　砂轮机打磨螺纹头部

图 11-14　打磨好的螺纹头部

图 11-15　通规

图 11-16　止规

5）成品保护

加工好的钢筋螺纹头部，应立即佩戴螺纹保护帽，防止螺纹锈蚀及损坏，如图 11-17 和图 11-18 所示。

图 11-17　佩戴螺纹保护帽

图 11-18　钢筋成品堆放

4. 质量通病与预防

1）质量通病一

丝头端面不垂直于钢筋轴线，存在马蹄头或弯曲头，如图 11-19 所示。加工丝头的端面切口未进行飞边修磨。成型丝头未进行妥善保护，齿面存在泥沙污染。

201

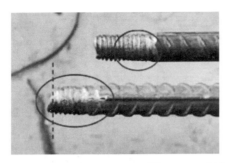

图 11-19　钢筋丝头加工缺陷

预防措施：

（1）钢筋下料后，丝头加工前，务必对钢筋端面进行切头打磨，保证丝头端面完整、平顺并垂直于钢筋轴线。对端部不直的钢筋要预先调直，按规程要求，切口的端面应与轴线垂直，不得有马蹄形或挠曲，应采用砂轮切割机，按配料长度逐根进行切割。飞边修磨干净，确保牙形饱满，与环规牙形完整吻合。

（2）加强人员培训，增强个人技能和质量意识。成型丝头在未进行连接前，用塑料套帽进行保护。放置时间过长时，再用毡布覆盖。

2）质量通病二

钢筋丝口存在断丝现象，丝头长度不够，丝头直径不合适。

预防措施：

（1）选择良好的设备和工艺是制作合格丝头的前提。

（2）操作工匠必须经培训合格后持证上岗，且人员应相对固定。

（3）随时检验：用通规和止规对丝头进行检验，抽检数量不少于10%且不得少于10个。用专用量规检查丝头长度，加工工匠应逐个检查丝头的外观质量，不合格的立即纠正，合格的单独码放并进行标识。

3）质量通病三

套筒外露有效丝口过多，剥肋刀头和滚丝头定位不准，螺纹损伤。钢筋滚丝机长度定位不准，丝头长度不统一。

预防措施：

（1）应保证丝头在套筒中央位置相互顶紧。操作工匠也必须经培训合格后持证上岗。

（2）有专人对钢筋滚丝机定期和不定期进行检查定位。

（3）将滚丝机长度定位器按照规定长度定位准确，保证加工出来的丝头大小长度统一。

4）质量通病四

直螺纹滚丝机滚出的丝牙总是缺牙。

预防措施：

（1）针对钢筋滚丝轮可能有破损或使用寿命已满，更换滚丝轮即可。

（2）针对钢筋剥皮太多，丝牙不饱满，应调整直螺纹滚丝机剥皮限位盘，使钢筋剥皮少一点。

（3）针对调整过松，用试棒调试好之后，再用扳手调紧滚轮。

（三）梁、板、柱钢筋的加工方法

梁、板、柱钢筋的加工包括调直、除锈、剪切、弯曲等工作。

1. 钢筋调直与除锈

对于梁、板、柱钢筋弯曲和锈蚀，在加工前应进行调直和除锈作业。

1）调直方法

钢筋调直宜采用机械方法。

2）除锈方法

一般可通过钢筋调直同时除锈，或是通过机械方法除锈（如使用较多的电动除锈机除锈），还可采用手工除锈。

2. 钢筋切断

钢筋下料须严格按经审核的钢筋配料单进行下料制作。

1）切断方法

钢筋切断机或手动剪断剪。

2）注意事项

（1）下料时，对成批构件，必须进行校样，即应先下一根钢筋进行制作成型，校核尺寸误差后再进行大量下料制作，钢筋成型误差不大于 10mm。

（2）钢筋切断机可切断直径小于 40mm 的钢筋，手动剪断剪只用于剪断直径小于 12mm 的钢筋。钢筋的下料长度应力求准确，其允许偏差为 ±10mm。

3. 钢筋弯曲

1）弯曲方法

钢筋弯曲机和手动弯曲机。

2）注意事项

（1）钢筋下料后，应按弯曲设备特点及钢筋直径和弯曲角度进行画线，以便弯曲成设计所要求的形状和尺寸。如弯曲钢筋两边对称时，画线工作宜从钢筋中线向两端进行。弯曲形状比较复杂的钢筋时，可先放出实样，再进行弯曲成型。

（2）钢筋弯曲成型一般采用钢筋弯曲机或钢筋弯箍机。在缺乏机具的条件下，也可采用手摇扳手弯制细钢筋，用卡盘与扳头弯制粗钢筋。钢筋弯曲成型后，其允许偏差为：全长 ±10mm，弯起钢筋弯起点的位置 ±20mm，弯起钢筋的弯起高度 ±5mm，箍筋边长 ±5mm。

第二节　钢筋现场施工

（一）复杂构件钢筋绑扎方法和操作要点

1. 牛腿柱识图与构造基本知识

1）牛腿柱钢筋的识图

某乡村展示大厅采用排架结构，其中牛腿配筋如图 11-20 所示。

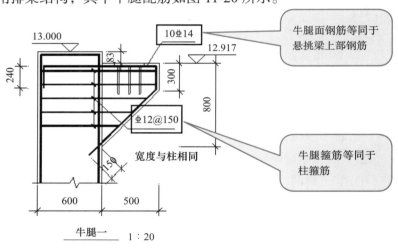

图 11-20　常见牛腿柱正立面图

10⏀14：表示牛腿面钢筋数量为 10 根，钢筋直径为 14mm，钢筋强度级别为 HRB400。

⏀12@150：表示牛腿箍筋，箍筋直径为 12mm，间距为 150mm，强度等级为 HRB400。

2）牛腿柱钢筋的构造要求

根据《混凝土结构设计标准》GB/T 50010—2010（2024 年版），牛腿柱钢筋构造要求如图 11-21 所示。

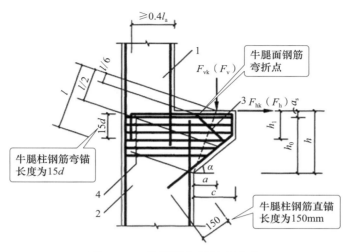

图 11-21　牛腿柱钢筋构造要求

2. 牛腿柱钢筋绑扎方法和操作要点

1）牛腿柱钢筋绑扎方法

牛腿柱钢筋绑扎方法和常规柱子钢筋绑扎基本一致。

（1）钢筋套入：完成柱子牛腿下部的纵筋和箍筋绑扎后，将牛腿区的箍筋（尺寸大于下柱的箍筋）套入。

（2）绑扎牛腿的纵筋，将两侧牛腿纵筋与柱纵筋绑扎牢固，并和牛腿箍筋绑扎形成钢筋框架。

（3）将其余牛腿纵筋与箍筋和柱纵筋等钢筋绑扎固定，形成牛腿钢筋骨架。

2）牛腿柱钢筋施工注意事项

（1）柱纵向受力钢筋连接接头应优先采用机械连接接头，也可采用闪光对焊连接接头。同一连接区段内纵向受力钢筋接头面积百分率不得大于 50%。

（2）矩形截面柱的箍筋末端应作 135° 弯钩，弯钩末端平直段部分的长度，地震区应不小于箍筋直径的 10 倍，非地震区应不小于箍筋直径的 5 倍。

（3）所有预埋件应先放入柱钢筋骨架内就位，然后再绑扎预埋件附近的钢筋，严禁将预埋件锚筋切断后插入钢筋骨架内。

（4）吊环应采用 HPB300 级钢筋制作，禁止使用冷加工钢筋，埋入柱内长度不应小于 $30d$，并应焊接或绑扎在钢筋骨架上。

3. 梁加腋识图与构造基本知识

根据加腋的形式，梁加腋可以分为垂直加腋和水平加腋。垂直加腋的腋部与梁垂直，水平加腋的腋部与梁平行。

1）梁加腋截面注写方式

在《混凝土结构施工图平面整体表示方法制图规则和构造详图》22G101—1 标准图集中，加腋梁的竖向加腋截面注写示意如图 11-22（a）所示，水平加腋截面注写示意如图 11-22（b）所示。

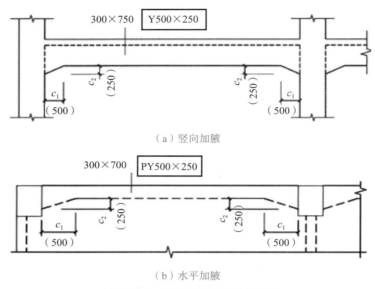

（a）竖向加腋

（b）水平加腋

图 11-22　梁加腋截面注写示意

图中标注的 Y500×250 表示梁支座位置要加竖向腋，后面是对应的加腋尺寸。

Y：表示竖向加腋。

500×250：表示水平加腋尺寸为 500mm，竖向加腋尺寸为 250mm。

图中标注的 PY500×250 表示梁支座位置要加水平腋，后面是对应的加腋尺寸。

PY：表示水平加腋。

500×250：表示加腋长尺寸为 500mm，加腋宽尺寸为 250mm。

2）梁加腋平面注写方式

在 22G101—1 标准图集中，梁竖向加腋平面注写方式如图 11-23（a）所示，梁水平加腋平面注写方式如图 11-23（b）所示。

Y4Φ25：表示竖向加腋附加斜向钢筋共 4 根，直径为 25mm，钢筋强度级别为 HRB400。

Y2Φ25/2Φ25：表示水平加腋上下附加斜向钢筋各 2 根，直径为 25mm，钢筋强度级别为 HRB400。

3）梁加腋的构造要求

加腋梁加腋位置的纵筋和箍筋构造要求如图 11-24 所示。

图中明确了加腋部分纵筋的形状和锚固要求，以及加腋位置的箍筋加密区计算方法。在加腋梁识图时，应根据加腋梁的抗震等级和梁高，计算出加腋梁箍筋加密区长度，从而确定出分界箍筋的位置，指导梁箍筋的定位绑扎。

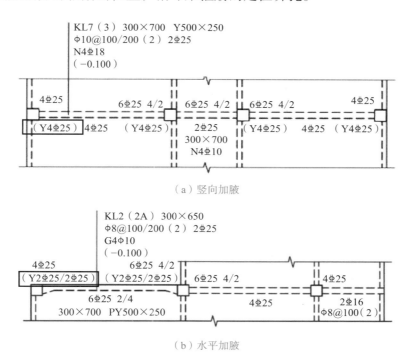

图 11-23 梁加腋平面注写方式表达示例

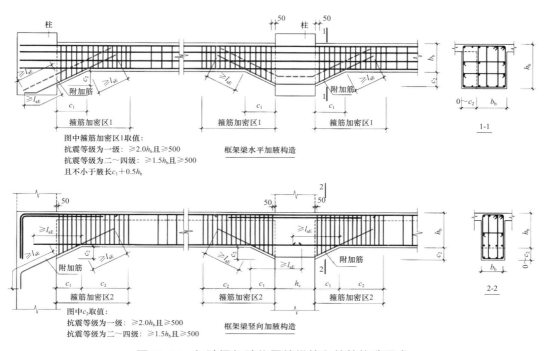

图 11-24 加腋梁加腋位置的纵筋和箍筋构造要求

4. 加腋梁钢筋绑扎方法和操作要点

加腋梁钢筋绑扎应先绑扎梁钢筋再绑扎加腋附加钢筋，具体绑扎方法和操作要点如下：

（1）梁底钢筋绑扎：将梁底钢筋按照设计要求进行排布，确保其形状和间距符合要求后绑扎梁底钢筋。

（2）梁侧钢筋绑扎：将梁侧钢筋按照设计要求进行排布，确保其形状和间距符合要求后绑扎梁侧钢筋；注意梁侧钢筋的垂直度和骨架方正，避免扭曲或倾斜。

（3）加腋钢筋绑扎：根据设计图纸和标准图集，确定加腋钢筋的位置和形状；将加腋钢筋按照要求进行排布，确保其形状和间距符合要求；在绑扎过程中，要保证钢筋的清洁和完整，避免损坏或污染。

5. 斜梁识图与构造基本知识

斜梁是一种在垂直方向上倾斜的梁，一般出现在结构找坡的坡屋面中。

斜梁的结构表达中除标高以外同常规梁的表达相同。斜梁的构造难点主要在竖向弯折的部位，22G101—1标准图集中关于竖向折梁钢筋构造如图11-25所示。

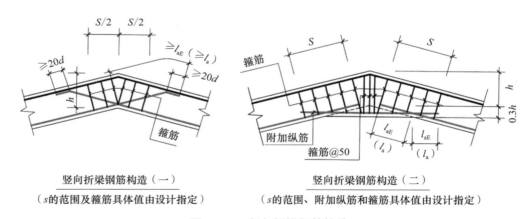

竖向折梁钢筋构造（一）
（s的范围及箍筋具体值由设计指定）

竖向折梁钢筋构造（二）
（s的范围、附加纵筋和箍筋具体值由设计指定）

图 11-25 竖向折梁钢筋构造

图中主要明确了折梁在内角侧梁的纵筋（图中红色钢筋）的构造要求，如竖向折梁钢筋构造（一）所示可以伸至对边锚固，也可以如竖向折梁钢筋构造。

6. 斜梁钢筋绑扎方法和操作要点

斜梁绑扎方法和操作要点和普通梁类似，此处不再赘述，有竖向弯折的部位，应按图11-25的标准构造要求进行钢筋的配置和绑扎。特别需要注意的是，绑扎时控制好斜梁纵筋和箍筋的角度并绑扎牢固。

7. 下沉板识图与构造基本知识

下沉板常用于下沉式卫生间或其他需要降低楼板的区域。其可以有效提高防水、防潮效果。

1）下沉板平面图

下沉板平面图展示了下沉板的平面布置。图中标注了下沉板的编号、位置、尺寸等信息，应了解下沉板的分布情况，进行合理的施工安排。

2）下沉板剖面图

下沉板剖面图展示了下沉板的内部结构和构造，如图 11-26 所示。在 22G101—1 标准图集中，给出了高差在 300mm 内的下沉板钢筋标准构造做法，图中明确了高低板面在交接位置的板钢筋截断和锚固要求。

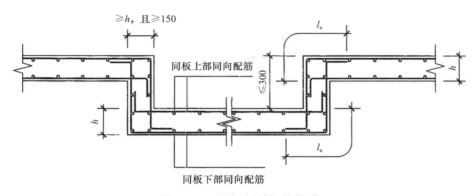

图 11-26 下沉板的钢筋构造

8. 下沉板钢筋绑扎方法和操作要点

1）下沉板钢筋绑扎流程

（1）画线：根据结构施工图，在模板上画出钢筋的位置线。

（2）摆放钢筋：短边方向主筋摆放于骨架外侧。

（3）绑扎：双层双向钢筋网交点全部绑扎，扣点呈八字形。

（4）安放垫块：安放垫块以及马凳。

2）下沉板钢筋绑扎技术要点

下沉板钢筋绑扎时应根据实际情况，参考图 11-26 中的标准构造进行钢筋绑扎，其余绑扎技术要点和普通板类似，此处不再赘述。

（二）钢筋焊接方法

钢筋焊接主要有电弧焊、闪光对焊、电渣压力焊、气压焊四种焊接方式。

1. 电弧焊

1）电弧焊焊接流程

电弧焊是利用电弧焊机使焊条和焊件之间产生高温电弧，熔化焊条和高温电弧范围内的焊件金属，熔化的金属凝固后形成焊接接头。

钢筋电弧焊接头主要形式：帮条焊、搭接焊、坡口焊、窄间隙焊和熔槽帮条焊。钢筋电弧焊焊接流程如图 11-27 所示。

图 11-27　电弧焊焊接流程

2）电弧焊操作要点

（1）焊接时，应符合下列要求：

① 应根据钢筋牌号、直径、接头形式和焊接位置，选择焊条、焊接工艺和焊接参数。

② 焊接时，引弧应在垫板、帮条或形成焊缝的部位进行，不得烧伤主筋。

③ 焊接地线与钢筋应接触紧密。

④ 焊接过程中应及时清渣，焊缝表面应光滑，焊缝余高应平缓过渡，弧坑应填满。

（2）帮条焊或搭接焊时，钢筋的装配和焊接应符合下列要求：

① 帮条焊时，两主筋端头之间应留 2～5mm 的间隙。

② 搭接焊时，钢筋宜预弯，并应保证两钢筋的轴线在同一直线上。

③ 帮条焊时，帮条与主筋之间用四点定位焊固定；搭接焊时用两点固定；定位焊缝与帮条端部或搭接端部的距离宜大于或等于 20mm。

④ 焊接时，应在帮条焊或搭接焊形成焊缝中引弧；在端头收弧前应填满弧坑，并应使主焊缝与定位焊缝的始端和终端熔合。

（3）坡口焊工艺应符合下列要求：

① 坡口面应平顺，切口边缘不得有裂纹、钝边和缺棱。

② 焊缝的宽度应大于 V 形坡口的边缘 2～3mm，焊缝余高不得大于 3mm，并平缓过渡至钢筋表面。

③ 钢筋与钢垫板之间，应加焊 2～3 层侧面焊缝。

④ 当发现接头中有弧坑、气孔及咬边等缺陷时，应立即补焊。

（4）窄间隙焊工艺应符合下列要求：

① 钢筋端面应平整。

② 从焊缝根部引弧后应连续进行焊接，左右来回运弧，在钢筋端面处电弧应稍停留，并使之熔合。

③ 当焊至端面间隙的 4/5 高度后，焊缝逐渐扩宽；当熔池过大时，应改连续焊为断续焊，避免过热。

④ 焊缝余高不得大于 3mm，且应平缓过渡至钢筋表面。

2. 闪光对焊

1）闪光对焊焊接流程

闪光对焊属于焊接中的压焊（焊接过程中必须对焊件施加压力完成的焊接方法）。钢筋的闪光对焊是利用对焊机将两段钢筋端面接触，通过低电压强电流在钢筋接头处，产生高温，钢筋熔化，通过施加压力使两根钢筋焊接在一起，形成对焊接头。闪光对焊是钢筋焊接中常用的方法。

闪光对焊分连续闪光焊、预热闪光焊、闪光—预热闪光焊。闪光对焊的焊接流程如图 11-28 所示。

图 11-28 闪光对焊焊接流程

2）闪光对焊操作要点

（1）钢筋的纵向连接宜采用闪光对焊，其焊接工艺应根据钢筋种类进行选择。若钢筋直径较小，牌号较低，可采用连续闪光焊；若直径较大，且钢筋端面较平整，宜采用预热闪光焊；若直径较大，且钢筋端面不平整，应采用闪光—预热闪光焊。HRB500 钢筋应采用预热闪光焊或闪光—预热闪光焊。

（2）连续闪光焊所能焊接的钢筋直径上限，应根据焊机容量、钢筋牌号等具体情况而定。

（3）钢筋焊接接头必须除锈，保持平直，如有弯曲，应把钢筋弯曲的接头部位调直或切除。

（4）安放钢筋于焊机上要放正、夹牢；夹紧钢筋时，应使两钢筋端面的凸出部分调直或切除。部分相接触，以便均匀加热和保证焊缝与钢筋轴线相垂直；闪光过程应稳定强烈，防止焊缝金属氧化；顶锻应在足够大的压力下快速完成，以保证焊口闭合良好和使接头处产生足够的镦粗变形。

（5）钢筋焊接完毕，应待接头由白红色变为黑红色才能松开夹具，平稳地取出钢筋，以免引起接头弯曲。

（6）钢筋闪光对焊时，应做到预热要充分，顶锻前瞬间闪光要强烈，顶锻快而有力。

（7）进行大直径钢筋焊接时，宜首先采取锯割或气割方式对钢筋端面进行平整处理，然后采取预热闪光焊。

3. 电渣压力焊

1）电渣压力焊焊接流程

电渣压力焊是将两个钢筋安放成竖向或斜向对接形式，利用焊接电流通过两个钢筋间隙，在焊剂层下形成电弧过程和电渣过程，产生电弧热和电阻热，熔化钢筋，加压完成的一种压焊方法。电渣压力焊的焊接流程如图 11-29 所示。

图 11-29　电渣压力焊焊接流程

2）电渣压力焊操作要点

（1）根据被焊接钢筋的长度搭设一定高度的操作架，确保工匠扶直钢筋时操作方便，并防止钢筋夹紧后晃动。

（2）检查电路，观察网络电压波动情况，若电压降大于 5% 以上时不宜焊接。当采用自动电渣压力焊时，还应检查操作箱、控制箱电气线路各接头接触是否良好。

（3）将焊接夹具下钳口夹牢于下钢筋端部 70～80mm 的位置；将上钢筋扶直、夹牢于上钳口内 150mm 左右；钢筋一经夹紧，不得晃动，以保持上下钢筋轴线重合。

（4）不同直径钢筋焊接时，上下钢筋轴线应在同一直线上。

（5）引弧可采用铁丝圈（焊条芯）引弧法，或直接引弧法。

（6）接头焊完后，应稍作停歇，方可回收焊剂和卸下夹具；敲去渣壳后，四周焊缝凸出钢筋表面的高度不得小于 4mm。

4. 气压焊

1）气压焊焊接流程

气压焊是用氧气、乙炔火焰加热钢筋接头，温度达到塑性状态时施加压力，使之压接在一起。气压焊焊接的操作步骤如图 11-30 所示。

打开气压焊接机 ▶ 加热金属表面 ▶ 控制气流和压力 ▶ 焊接 ▶ 检查焊缝

图 11-30　气压焊焊接流程

2）气压焊操作要点

（1）钢筋端头加工：用砂轮锯切断钢筋，切口处应平整并与钢筋轴线垂直，然后用磨光机打磨倒角，断面呈现金属光泽；用电动钢丝刷清除切口处约 100mm 范围内的锈斑、水泥浆、油污和其他杂质。

（2）安装钢筋：上紧夹具，对齐上下钢筋的轴线；利用加压器对钢筋施加约 30～40MPa 的预压力。

（3）加热压接钢筋：先用强碳化焰对准焊缝，加热到焊缝呈橘黄色；待焊闭合后，立即施加顶锻力，改用中性焰对焊缝实行宽幅加热，其范围为钢筋直径的 1.2～1.4 倍。顶锻结果应使焊点镦粗至钢筋直径的 1.4 倍以上。

（4）卸除夹具：应经大气冷却数分钟，在接头的红色消失后卸除夹具，避免过早卸除而导致接头变形。

（三）螺纹套筒接头

1. 螺纹套筒接头的分类

螺纹套筒接头按照钢筋螺纹的形式分为直螺纹接头和锥螺纹接头，如图 11-31 和图 11-32 所示。

图 11-31　钢筋直螺纹接头

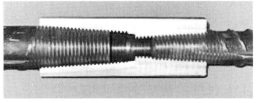

图 11-32　钢筋锥螺纹接头

2. 钢筋螺纹接头的特点和对比

1）钢筋螺纹接头的特点

（1）连接强度高：可达到钢筋母材强度的规范要求。

（2）连接速度快：可节省施工时间。

（3）适应性强：可用于各种规格和材质的钢筋连接。

（4）密封性能好：可保证连接部位的密封性。

（5）操作方便：可提高施工效率。

2）直螺纹接头和锥螺纹接头的异同点

直螺纹接头可以承受高荷载，具有较高的抗拉和抗压强度，能够满足建筑结构的安全要求。相比钢筋直螺纹接头，锥螺纹接头的连接强度较低，不能满足一些高荷载要求。

锥螺纹接头具有较好的稳定性，能够保证在各种环境条件下的使用效果，其对钢筋连接准确性要求高，如果连接不正，可能会影响使用效果，成本相对较高。

3. 螺纹套筒接头质量控制要点

（1）连接钢筋时，钢筋规格和连接套的规格必须一致，并确保钢筋和连接套的丝扣干净完好无损。

（2）接头套筒处保护层满足钢筋最小保护层厚度要求，连接套之间横向间距大于25mm。

（3）螺纹牙形应饱满，连接套筒表面不得有裂纹，表面及内螺纹不得有严重的锈蚀及其他肉眼可见的缺陷。套内无铁屑及杂物，连接套表面应有明显的规格标识。

（4）钢筋弯曲点与接头端头距离大于钢筋直径的10倍，严禁在接头处弯曲。

（5）连接使用的力矩扳手的精度为±5%，要求每半年用扭力仪检验一次。必须用力矩扳手拧紧接头，必须区分开施工用和检验用的力矩扳手，不能混用，并定期检验力矩扳手，以保证力矩检验值准确。

（6）对个别检验不合格的接头，可采用电弧焊补强，其焊缝高度和厚度应满足要求，焊工必须持证操作。

（7）施工人员应进行技术培训，考核合格后上岗，以保证接头质量。

（四）钢筋安装的变形、位移的修正

1. 钢筋安装后变形修正

对于已经变形的钢筋，可以采用以下修正方法：

（1）修复：对于轻微的弯曲变形，可以采用修复的方法进行处理，在不影响钢筋性能的情况下，利用钢筋锤等工具进行轻微敲打或调整，将钢筋恢复至原先的形态。

（2）更换：对于弯曲变形较为严重的钢筋，需要及时更换，以保证工程质量。

（3）纠正：钢筋弯曲变形可能会导致构件间的距离发生变化，需要进行纠正，以保证构件间距符合设计要求。纠正时，可以采用拉拢法或顶杆法等方法进行处理。

（4）加固：钢筋弯曲变形可能会对周边构件产生影响，需要进行加固，以保证工程安全。加固时，可以采用钢板或钢筋混凝土等材料进行加固。

2. 钢筋安装位移修正

1）钢筋安装位移发生原因分析

（1）测量的原因。包括测量的人员、仪器、精度等。

（2）模板安装移位，导致钢筋偏位。除了胀模、爆模外，往往是刚度不足，加固不足。

（3）混凝土施工不当。如野蛮施工，解开了固定钢筋没有复位，振动棒不好插捣就强行掰开钢筋，护模、护筋等人员没有到位。

（4）钢筋作业人员自身原因。如绑扎不到位，容易变形；垫块不足，骨架变形；墙撑、临时固定钢筋不足，移位。

2）钢筋位移纠正方法

（1）钢筋偏位小于 5mm：在规范允许内可不进行处理。

（2）钢筋偏位 5～25mm 且不超出保护层厚度时：按 22G101—1 标准图集中柱钢筋在楼面变截面时钢筋弯曲做法，直接按照 1∶6 的比例在结构面调整钢筋，如图 11-33 所示。

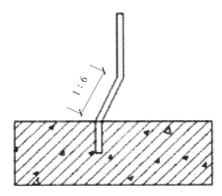

图 11-33　按 1∶6 的比例调整钢筋示意图

（3）钢筋偏位 25～50mm 且向内偏时：可直接在楼面上按 1∶6 的比例调整钢筋，保证模板支设，同时采取钢筋根部绑扎和点焊钢筋的方法进行加固，加筋的直径为 14mm，加筋需要与打弯的钢筋绑扎搭接在一起，如图 11-34 所示。

（4）钢筋偏位 25～50mm，向外偏超过保护层结构截面不能局部加大处理时：可将偏位钢筋打弯锚固，割除长出部分原钢筋，再另植相同钢筋的方法处理，也可以采取剔槽弯曲同植筋绑扎搭接的方法，如图 11-35 所示。

（5）钢筋偏位大于 50mm 且向内偏时：保留偏位原钢筋，另在设计位置用植筋的方法处理。植筋锚固长度可与钢筋混凝土钢筋锚固设计长度相同，或按《混凝土结构加固设计规范》GB 50367—2013 植筋技术部分计算植筋深度设计值。

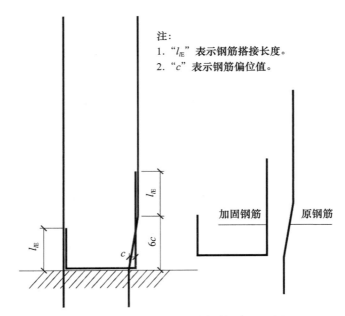

图 11-34 墙、柱一侧位移钢筋处理示意图

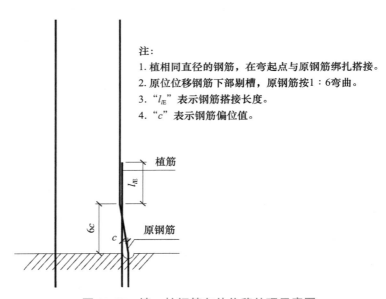

图 11-35 墙、柱钢筋向外位移处理示意图

3. 其他常见问题及处理方法

1）箍筋间距不按图施工

（1）原因分析：不按图纸尺寸绑扎。

（2）防治措施：根据构件配筋情况，在纵向钢筋上用粉笔画出间距点。

2）箍筋绑扎不牢固，绑扎点松脱，箍筋滑移歪斜

（1）原因分析：用于绑扎的扎丝太硬或粗细不配套；绑扣形式为同一方向；钢筋骨架沉入模板槽内过程中导致骨架变形。

（2）防治措施

① 正确使用配套扎丝，采用双丝绑扎。

② 绑扎时相邻两个箍筋要采用反向绑扣形式。

③ 钢筋转角处要采用兜扣并加缠。

④ 对于纵向的钢筋网，除了十字花扣外，也要适当加缠。

⑤ 重新调整钢筋骨架，并将松扣处重新绑牢。

3）钢筋接头设置不规范

（1）原因分析：不按图纸尺寸绑扎。

（2）防治措施

① 在配料时，对钢筋进行分类处理，特别注意每组钢筋的搭配，如遇到不好区分受拉或受压的情况，按照受拉区的规定设置接头。

② 在绑扎或安装完钢筋骨架后，仔细检查接头是否错开，如出现未错开的情况，一般重要的构件应拆除返工；如属于一般构件，则可以采用加焊帮条的方法解决，或将绑扎搭接改为电弧焊搭接。

第十二章　钢筋工程质量验收

第一节　钢筋质量检查

（一）复杂结构构件钢筋质量检查

建筑工程中有加腋梁、斜梁、下沉板和带牛腿柱等复杂的结构构件形式，这些部位钢筋布置较多，钢筋形式比较复杂，钢筋工程质量检查尤为重要，如图 12-1 所示。钢筋质量检查内容有主筋型号规格、位置、间距、锚固长度、连接方式及箍筋加密等，检查时需要及时做好质量检查记录。

（a）水平加腋梁钢筋　　　　　（b）斜梁钢筋　　　　　（c）牛腿钢筋

图 12-1　复杂结构构件的钢筋示意

1. 加腋梁钢筋质量检查

1）加腋梁主筋型号、数量检查

加腋梁主筋型号、数量检查与普通梁钢筋步骤相同。主要是检查加腋梁部位纵向钢筋和箍筋的型号和数量。

2）加腋梁钢筋间距检查

加腋主筋和加腋区箍筋的间距同梁钢筋，需要特别注意的是，附加钢筋间距和加腋区的加密区箍筋的间距是测量垂直边，不得测量斜边。

3）加腋梁钢筋安装牢固程度检查

（1）加腋主筋的锚固方式和锚固长度需要符合设计要求。

（2）钢筋绑扎方式同梁钢筋，若发现漏扣、脱扣和松扣需要及时进行补扣。需要特别注意的是加腋区的箍筋绑扎牢固程度检查，由于附加钢筋与箍筋存在角度问题，箍筋的成型尺寸要符合附加钢筋的斜率要求。

2. 斜梁钢筋质量检查

1）斜梁主筋型号、数量检查

斜梁主筋型号、数量检查与普通梁钢筋步骤相同。主要检查斜梁部位纵向钢筋和箍筋的型号和数量。

2）斜梁钢筋间距和锚固长度检查

（1）检查斜梁主筋的间距，同普通梁检查。

（2）检查斜梁纵筋锚固长度，特别注意，斜梁有增加附加钢筋的，附加钢筋的锚固长度应满足设计要求。

3）斜梁安装牢固程度检查

（1）斜梁转折处钢筋的锚固方式应满足设计要求。

（2）特别注意，在斜梁的转折部位附加箍筋、纵向钢筋绑扎应连接牢固，无漏绑现象。

3. 下沉板钢筋质量检查

1）下沉板主筋型号、数量检查

下沉板主筋型号、数量检查与普通板钢筋步骤相同。主要是检查下沉板上下部位主筋型号和数量，钢筋数量满足设计要求。

2）下沉板钢筋间距检查

检查下沉板钢筋位置，下沉板上下钢筋数量和间距满足设计要求。

3）下沉板安装牢固程度检查

（1）下沉板钢筋的锚固方式应满足设计要求。

（2）检查下沉板纵筋锚固长度，钢筋的长度应符合要求，拼接时节点不应处于同一位置。

4. 牛腿柱钢筋质量检查

1）牛腿柱钢筋型号、数量检查

牛腿柱钢筋型号、数量检查步骤与柱子主筋质量检查步骤相同。大直径钢筋外观有轧制钢筋标志的，核对型号规格；小直径钢筋外观无标志的，查阅钢筋原材料证明文件核对钢筋型号规格，必要时可以现场用尺量测检查。

2）牛腿柱钢筋间距、锚固长度检查

（1）牛腿柱钢筋间距同柱检查方法，特别注意检查钢筋位置，牛腿柱纵筋间距检查时，框架梁、牛腿等钢筋应放在柱的纵向钢筋内侧。

（2）全数检查牛腿钢筋锚固长度应满足设计要求，特别注意在施工过程中牛腿处的附加钢筋的锚固长度。

3）牛腿柱钢筋安装牢固程度检查

（1）检查牛腿柱钢筋与框架柱钢筋的锚固方式，常见的是采用绑扎锚固。

（2）检查牛腿柱钢筋与箍筋的绑扎连接，同加腋梁类似，由于牛腿柱存在变截面部分，要特别注意检查变截面部分的箍筋和附加钢筋的绑扎是否牢固。

（二）钢筋焊接接头质量检查

钢筋焊接质量验收内容有焊接的连接方式、接头位置、接头质量、接头面积百分率、搭接长度、锚固方式及锚固长度等。下面主要介绍焊接接头外观质量。

1. 电弧焊接头外观检查

1）外观质量要求

（1）焊缝表面应平整，不得有凹陷或焊瘤。如图 12-2 所示。

图 12-2　电弧焊接头外观图

（2）焊接接头区域不得有裂纹。

（3）咬边深度、气孔、夹渣等缺陷允许值及接头尺寸的允许偏差，应符合表 12-1 的规定。

（4）坡口焊、熔槽帮条焊和窄间焊接头的焊缝余高不得大于 3mm。外观检查不合格的接头，经修整或补强后可进行二次验收。

2）检查数量

全数检查。

3）检查方式

观察，量测。

钢筋电弧焊接头尺寸偏差及缺陷允许值 　　　　　　　　表 12-1

检查项目			允许偏差（mm）	检验方法
点焊	压入深度	热轧钢筋	$0.3 \sim 0.45d$	卡尺量
		冷加工钢筋	$0.3 \sim 0.35d$	
闪光接触对焊	钢筋轴线	折角	$\leqslant 4°$	用刻槽直尺或塞尺量
		偏移	$\leqslant 0.1d$ 且 $\leqslant 2$	
电弧焊	帮条焊中心间距（纵向）		$\leqslant 0.05d$	尺量
	两钢筋轴线	折角	$\leqslant 4°$	用刻槽直尺或塞尺量
		偏移	$\leqslant 0.1d$ 且 $\leqslant 3$	
	焊缝厚度		$-0.05d$	尺量
	焊缝宽度		$-0.1d$	
	焊缝长度		$-0.5d$	
	咬边深度		$\leqslant 0.05d$ 且 $\leqslant 0.5$	
	焊缝表面夹渣和气孔	2d 长度上	$\leqslant 2$ 个且 $\leqslant 6mm^2$	观察
		直径	$\leqslant 3$	
	预埋件规格尺寸		0，-5	尺量

2. 闪光对焊接头外观检查

1）外观质量要求

（1）对焊接头表面应呈圆滑、带毛刺状，不得有肉眼可见的裂纹。如图12-3所示。

图 12-3 闪光对焊接头外观图

（2）与电极接触的钢筋不得有明显烧伤。

（3）接头处的弯折角度不得大于20°。

（4）轴线偏移不得大于钢筋直径的1/10，且不得大于1mm。

2）检查数量

在同一台班内，由同一个焊工完成的300个同级别、同直径钢筋焊接接头应作为一批。当同一台班内焊接的接头数量较少，可在一周之内累计计算；累计仍不足300个接头时，应按一批计算。外观检查接头数量，应从每批次中抽查10%，且不得少于10个。

3）检查方法

观察，量测。

3. 电渣压力焊接头外观检查

1）外观质量要求

（1）四周焊缝凸出钢筋表面高度应大于或等于4mm。如图12-4所示。

图 12-4　电渣压力焊接头外观图

（2）钢筋与电极接触的钢筋处，应无烧伤缺陷。

（3）接头处的弯折角度不得大于30°。

（4）轴线偏移不得大于钢筋直径的1/10，且不得大于2mm。外观检查不合格的接头应切除重焊，或采取补强焊接措施。

2）检查数量

全数检查。

3）检查方法

观察，量测。

4）注意事项

（1）及时记录检查情况。

（2）在进行视觉检查时，要用足够强度的光源，在合适的角度下进行观察，以确保对焊缝的表面缺陷检查得到全面、准确的结果。

（三）钢筋机械连接拧紧扭矩的检查

1）质量要求

钢筋机械连接扭矩应符合直螺纹接头安装时最小拧紧扭矩值，见表12-2。

直螺纹接头安装时最小拧紧扭矩值　　　　表12-2

钢筋直径（mm）	≤ 16	18～20	22～25	28～32	36～40	50
拧紧扭矩（N·m）	100	200	260	320	360	460

2）检查方法

校核用扭力扳手。

3）检查数量

抽检应按验收批进行，同钢筋生产厂、同强度等级、同规格、同类型和同型式接头应以500个为一个验收批进行检验与验收，不足500个也应作为一个验收批。质量检查时应抽取检验批10%的接头进行拧紧扭矩校核，拧紧扭矩值不合格数超过被校核接头数的5%时，应重新拧紧全部接头，直到合格为止。

第二节　钢筋质量问题处理

（一）复杂结构构件钢筋质量问题处理

1. 钢筋型号问题

1）质量问题

钢筋型号与图纸不一致。

2）整改措施

（1）若钢筋牌号低于设计要求牌号，拆除不合格主筋，重新布置主筋。

（2）若主筋牌号高于设计要求，经设计单位认可后可不做处理。

（3）复杂结构构件的钢筋排布错综复杂，在检查钢筋型号时要注意检查仔细。

2. 钢筋数量问题

质量检查时若出现钢筋数量与设计施工图不符合，处理方案有增加钢筋、减少钢筋和调整构件尺寸等方法，同梁、板、柱钢筋数量问题整改处理。

1）增加钢筋

如果柱中部的钢筋数量不足以满足承重要求，可以通过增加钢筋的方式来加强柱的承载能力。增加钢筋需要满足相关的标准和设计要求，同时还要注意钢筋的布置和连接方式等细节。

2）减少钢筋

如果柱中部的钢筋数量过多，不符合设计和施工要求，可以通过减少钢筋的方式来调整。但是减少钢筋需要谨慎，必须保证柱的承载能力不受影响。

3）调整构件的尺寸

如果构件钢筋数量不同的差距较大，可以考虑对构件的尺寸进行调整。具体做法是根据施工现场的情况和设计要求，重新计算调整后的尺寸和钢筋布置方案，并进行相应的修改和调整。

3. 钢筋间距问题

1）复杂结构构件间距问题

整改处理同梁、柱。

（1）梁、柱主筋间距过小，若是设计原因导致钢筋间距无法满足最小间距的要求，应及时和设计人员联系，调整钢筋配筋或者调整构件的截面尺寸以满足钢筋最小间距的要求。

（2）梁、柱主筋因排布不均匀造成的间距过大、过小都应该及时进行处理，若误差较小，可采用撬棍调整主筋间距，调整间距后检查钢筋骨架的绑扎牢固程度，检查是否有松扣、脱扣现象，若有应及时进行重新绑扎。

（3）若梁、柱间距误差较大，必须拆除，重新排布后绑扎。

（4）当梁的主筋为双排或多排，出现双排且钢筋间距过小或过大时，现场可用短钢筋头控制钢筋排距，直径不小于梁主筋直径且不小于 25mm，长度为梁宽减去保护层厚度。放置在两排主筋之间，短钢筋方向与主筋相垂直。

2）下沉板主筋间距问题

（1）板主筋间距不合格是板主筋质量通病，要严格按照设计施工图要求，调整板钢筋间距。

（2）按照设计要求在模板板面弹钢筋位置控制线，板钢筋按照位置线放置并绑扎牢固。

4. 钢筋绑扎牢固程度

（1）在检查过程中若发现构件主筋有漏绑、脱扣、松扣现象，应及时进行补扣。

（2）若发现钢筋的绑扎方式不符合相关绑扎要求，应进行重新绑扎处理。

（二）钢筋焊接接头不合格的处理方法

1. 钢筋焊接接头偏心的处理方法

1）质量要求

钢筋接头偏心和倾斜主要是指焊接头两端轴线偏移大于 $0.1d$（d 为较小钢筋直径），或超过 1mm；接头弯折角度大于 2°。

2）处理方法

（1）钢筋弯折角大于 2° 的可加热后校正。

（2）偏心大于 $0.1d$ 或者大于 1mm 的要割掉重焊。

2. 焊接接头尺寸过小的处理方法

1）当钢筋焊接搭接长度不够时，可以考虑增加搭接长度

处理方法：在原有搭接焊缝的基础上，再开一个新的焊缝，将新焊缝长度增加到符合要求的长度即可。需要注意，在焊接过程中要保证焊接缝的质量，确保焊缝的牢固稳定。

2）若增加搭接长度不可行，也可以考虑使用机械连接件

处理方法：机械连接件可以起到连接和加强钢筋的作用，适用于焊接不便或可能影响焊接性能的场合。

3. 钢筋焊接接头焊接缺陷的处理方法

外观缺陷（表面缺陷）是指通过观察，从钢筋安装骨架表面可以发现的缺陷。常见的外观缺陷有咬边、焊瘤、凹陷及焊接变形等，有时还有表面气孔和表面裂纹，单面焊的根部未焊透等。

1）焊缝质量不良

焊缝质量不良是钢筋焊接接头质量问题中比较常见的一种情形，主要表现为焊接时未完全熔化或是熔化不充分，导致焊缝出现裂缝或损伤，降低了焊接接头的承载能力和安全性。

处理方法：

（1）增大焊接电流，使得焊接过程更加高效和完整。

（2）改进焊接工艺，采用更为先进的钢筋焊接设备和材料，提高焊接质量。

2）裂纹

钢筋焊接接头在使用过程中，往往会因为各种不同原因导致裂纹产生，如焊接时过热或是过快，焊接区域受到强力冲击等情况，都可能造成接头的裂纹。

处理方法：

（1）对焊接材料进行检测，以保证焊接质量。

（2）对焊接工艺进行调整，焊接时采用适当的耐热材料和焊接流程，以避免出现裂纹。

（三）钢筋机械连接拧紧扭矩不合格的处理方法

1. 拧紧扭矩过大的处理方法

钢筋机械连接中如果拧紧扭矩过大，可能会导致损坏螺纹或连接件，产生应力集中，增加局部破坏的风险。可采取以下整改方法：

（1）停止拧紧过程：如果尚未完成拧紧过程，应立即停止操作，以防止进一步损坏。

（2）检查连接件：检查已拧紧的连接件，包括螺纹、螺母等。查看是否有明显的损坏或异常。

（3）解除过紧的连接：如果可能，尝试解除过紧的连接，确保螺纹没有被过度损伤。

（4）替换受损的部件：如果发现连接件受损，及时替换受损的部件。

（5）重新拧紧：使用扭力扳手，按照规范重新拧紧连接件。严格控制扭矩，确保在合适的范围内进行拧紧。

2. 拧紧扭矩过小的处理方法

当钢筋的拧紧扭矩过小时，可能会影响连接的强度性能。应分析产生问题的原因，是工匠操作不当还是扭力扳手有问题。如果是工匠操作不当，需要加强操作人员的培训和交底；如果是扭力扳手有问题，应送专门机构进行检测标定，采用正常的扭力扳手重新按设计扭矩拧紧。

注意事项：校核用扭力扳手与安装用扭力扳手应区分使用，校核用扭力扳手应每年校核 1 次，准确度级别不应低于 5 级。

参 考 文 献

［1］国家职业资格培训教材编审委员会. 钢筋工（初级）［M］. 2 版. 北京：机械工业出版社，2014.

［2］国家职业资格培训教材编审委员会. 钢筋工（中级）［M］. 2 版. 北京：机械工业出版社，2014.

［3］国家职业资格培训教材编审委员会. 钢筋工（高级）［M］. 2 版. 北京：机械工业出版社，2014.

［4］陈洪刚. 图解钢筋工 30 天快速上岗［M］. 武汉：华中科技大学出版社，2013.

［5］吴志斌. 钢筋工［M］. 北京：中国铁道出版社，2012.

［6］张占伟. 钢筋工［M］. 北京：中国建材工业出版社，2020.

［7］李伙穆，李栋. 建筑施工安全与管理［M］. 厦门：厦门大学出版社，2021.

［8］赵雪云，李峰. 工程测量［M］. 4 版. 北京：中国电力出版社，2022.

［9］李向民. 建筑工程测量［M］. 2 版. 北京：机械工业出版社，2019.

［10］梁新芳，等. 钢筋工技师应知应会实务手册［M］. 北京：机械工业出版社，2007.

［11］侯君明，张玉明. 钢筋工程实用手册［M］. 北京：中国建筑工业出版社，2007.

［12］手册编写组. 建筑施工手册［M］. 北京：中国建筑工业出版社，2002.

［13］陈杭旭，等. 建筑施工技术［M］. 北京：中国电力出版社，2015.

［14］赵永安. 图解钢筋工基本技术［M］. 北京：中国电力出版社，2008.